职业教育计算机类专业系列教材

工业机器人应用与编程

主　编　王承欣　宋　凯
副主编　方　鉴　郭奕文　唐亮平
参　编　袁　红　周　婷　徐修东　薛　瑞

机 械 工 业 出 版 社

本书在内容编排上充分考虑职业院校学生的学习特点，以实践为主，理论为辅，强调教材的实用性。

本书共8个项目，内容包括工业机器人的基本操作、工业机器人程序示教、搬运机器人工作站、码垛机器人工作站、焊接机器人工作站、写字机器人工作站、压铸取料机器人工作站和桁架机器人。

本书适合作为各类职业院校机电一体化、工业机器人技术及相关专业的教材，也可作为从事工业机器人应用开发、调试、现场维护的工程技术人员的参考用书。

本书配有电子课件，选用本书作为教材的教师可以从机械工业出版社教育服务网（www.cmpedu.com）免费注册下载或联系编辑（010-88379194）咨询。

图书在版编目（CIP）数据

工业机器人应用与编程/王承欣，宋凯主编．—北京：机械工业出版社，2019.1（2024.8重印）
职业教育计算机类专业系列教材
ISBN 978-7-111-61577-4

Ⅰ．①工…　Ⅱ．①王…　②宋…　Ⅲ．①工业机器人—程序设计—职业教育—教材　Ⅳ．①TP242.2

中国版本图书馆CIP数据核字（2018）第280107号

机械工业出版社（北京市百万庄大街22号　邮政编码100037）
策划编辑：李绍坤　　责任编辑：李绍坤
责任校对：马立婷　　封面设计：鞠　杨
责任印制：单爱军

北京虎彩文化传播有限公司印刷

2024年8月第1版第6次印刷
184mm×260mm・12印张・291千字
标准书号：ISBN 978-7-111-61577-4
定价：35.00元

电话服务
客服电话：010-88361066
010-88379833
010-68326294

网络服务
机 工 官 网：www.cmpbook.com
机 工 官 博：weibo.com/cmp1952
金 书 网：www.golden-book.com
机工教育服务网：www.cmpedu.com

前言
PREFACE

工业机器人技术是集运动学与动力学理论、机械设计与制造技术、计算机硬件与软件技术、控制理论、伺服随动技术、传感器技术、人工智能理论等科学及技术领域的综合应用。对机器人技术的研究与开发标志着一个国家科学技术发展的水平，而机器人在各种工业领域的普及应用，则从一个方面显示了这个国家的经济和科技发展的综合实力。

随着“工业4.0”概念的提出，以智能制造为主导的“第四次工业革命”已经来临。工业机器人在从出现到现在的短短几十年中，已广泛地应用于国民经济的各个领域，从传统的汽车行业延伸至电子行业、食品行业、压铸行业、加工行业等。它在提高产品质量、加快产品更新、促进制造业的精密化、增强产品的竞争力等方面发挥着越来越重要的作用。因此，工业机器人技术成了广大工程技术人员迫切需要掌握的知识。

本书充分考虑职业院校学生的学习特点，精心规划教学内容。全书言简意赅、图文并茂、通俗易懂，使学生能够在较短的时间内掌握生产现场最需要的工业机器人实际应用技术，开阔视野，激发他们研究机器人的兴趣。

本书以华数机器人HSR-JR612为蓝本，从工业机器人实际应用出发，采用项目任务式的教学方法。全书共8个项目，其中，项目1介绍工业机器人的基本操作；项目2介绍工业机器人程序示数；项目3～项目7分别介绍工业机器人技术应用中的5个典型案例，包含搬运、码垛、焊接、写字、压铸取料；项目8介绍了桁架机器人的应用及操作方法。

本书由王承欣和宋凯担任主编，方鉴和郭奕文担任副主编，参加编写的还有袁红和周婷。

由于编者水平有限，书中难免有疏漏之处，恳请广大读者批评指正，提出宝贵的意见，不胜感激！

编　者

目录
CONTENTS

项目1 工业机器人的基本操作

知识点

- 工业机器人的组成。
- 工业机器人的基本操作。
- 工业机器人示教器按键的功能。
- 工业机器人示教器的使用。

技能点

- 工业机器人的手动操作。
- 工业机器人示教器的基本设置。
- 工业机器人原点校准。
- 工业机器人原点回归操作。
- 工业机器人坐标系设置。

任务1 机器人的手动操作

任务描述

本任务通过了解工业机器人的组成及熟悉示教器按键功能，来学习机器人手动操作方法。

任务目标

1）掌握机器人单轴运动、直线运动的操作方法。

2）掌握在手动操作机器人时的注意事项。

任务准备

1）HSR—JR612机器人1台，并接通电源。

2）机器人安装座1个。

3）安全围栏。

4）安全帽（操作人员佩戴）。

知识储备

1. HSR-JR612工业机器人的组成

（1）HSR-JR612工业机器人结构

HSR-JR612工业机器人由机器人本体、电控箱、示教器三大部件组成，如图1-1～

图1-3所示。

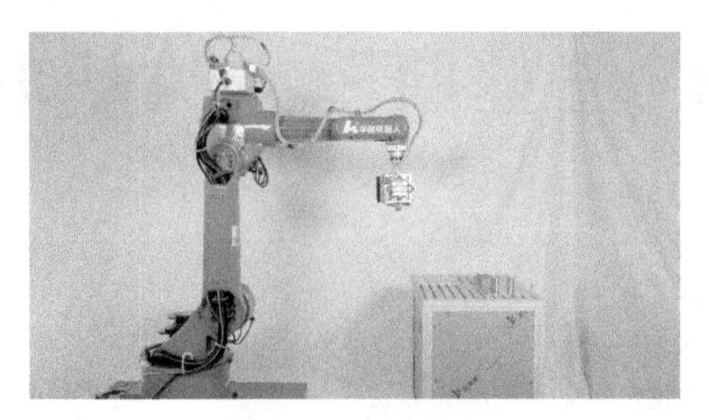

图1-1　机器人本体

图1-2　电控箱

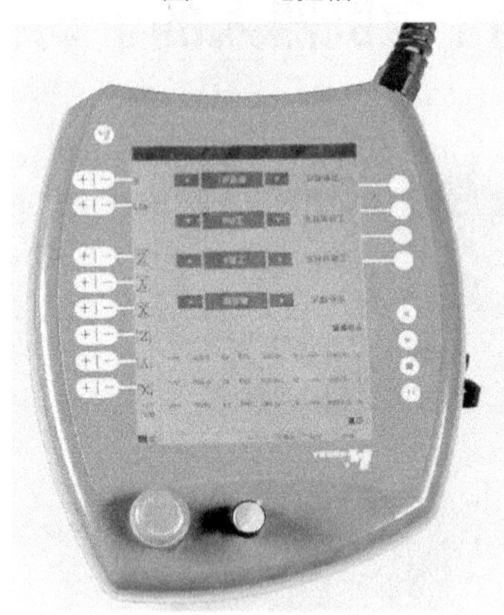

图1-3　示教器

1）机器人本体。机器人本体及机器人底座和执行机构，主要由铸件、伺服电机、减速机组成，（一般每台六关节工业机器人本体有6台伺服电机和6台减速机）。通常将机器人本体的有关部位分别称为底座、腰部、臂部、腕部、手部（末端执行器）等。

机器人本体一般采用空间开链连杆机构，其中的运动副称为关节（关节由电机和减速机组成），关节个数就是平常说的机器人自由度数，如HSR-JR612机器人有6个关节，即它的自由度数为6。图1-4所示为HSR-JR612机器人本体组成及各关节运动方向。

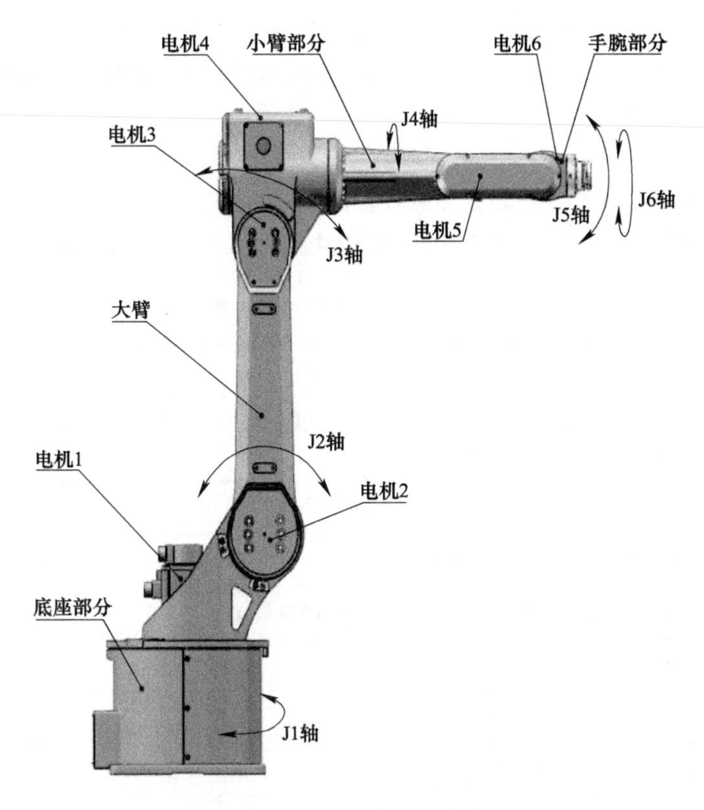

图1-4　机器人运动方向

2）电控箱。机器人电控箱主要由控制系统（控制器）和驱动器组成。其中，机器人控制系统是机器人的大脑，是决定机器人功能和性能的主要部件，它的主要任务是按照示教器上输入的指令或程序对驱动系统发送相对应的命令信号，同时接收这些命令信号的反馈，形成闭环控制。这些命令信号主要是控制机器人在工作空间中的运动位置、轨迹、姿态、操作顺序以及动作的执行时间等。驱动器是驱使执行机构（伺服电机）运动的机构，按照控制系统发出的命令信号，借助伺服电机和减速机组成的动力机构使机器人进行动作。它输入的是电信号，输出的是线、角位移量。图1-5所示为HSR-JR612机器人电控箱组成部分。

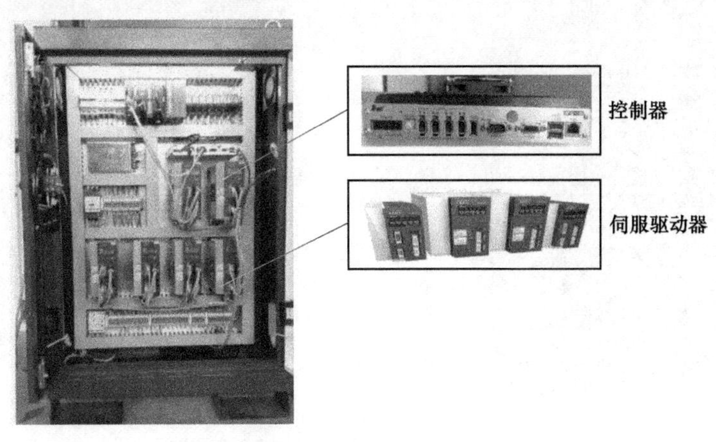

图1-5　电控箱组成

3）示教器。机器人示教器为人机交互操作装置，用于机器人程序的输入和参数的设置，拥有自己独立的CPU以及存储单元，与控制器之间以串行通信或网络通信的方式实现信息交互。

（2）示教器按键

1）示教器正面按键说明。机器人示教器正面按键如图1-6所示，具体功能见表1-1。

2）示教器背面按键说明。机器人示教器背面按钮如图1-7所示，具体功能见表1-2。

表1-1　示教器正面按键说明

标 签 项	说　　明
1	用于调出连续控制器的钥匙开关。只有插入了钥匙，状态才可以被转换。可以通过连续控制器切换运行模式（目前版本该钥匙开关无效）
2	紧急停止按钮，用于在危险情况下使机器人及时停机
3	点动运行键，用于手动移动机器人
4	用于设定程序调节量的按键，手动/自动运行倍率调节
5	目前版本无效
6	菜单按钮，可进行菜单的选择
7	暂停按钮，运行程序时，暂停运行
8	停止键，可停止正在运行中的程序
9	预留
10	开始运行键，在加载程序成功时，按该按键后可开始运行
11	辅助按键

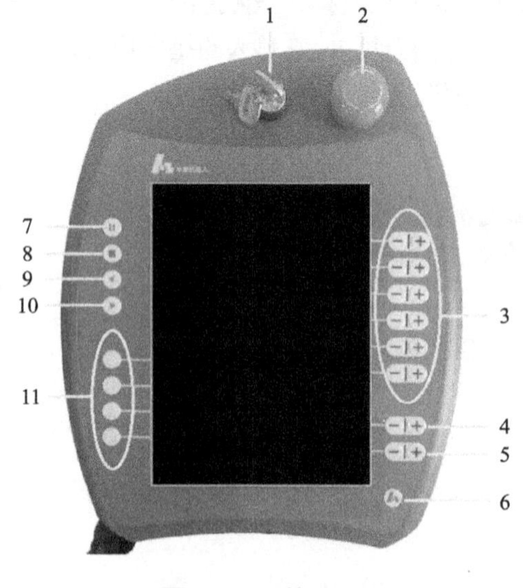

图1-6　示教器正面

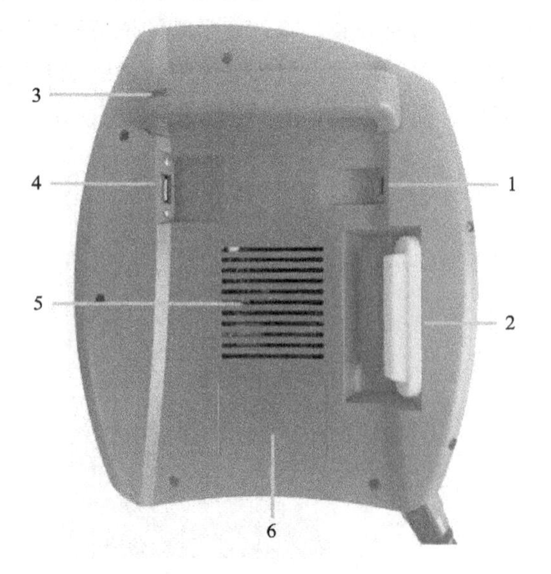

图1-7　示教器背面

表1-2　示教器背面按键说明

标签项	说　明
1	调试接口
2	三段式安全开关 安全开关有3个位置： ① 未按下 ② 中间位置 ③ 完全按下 在运行方式手动T1或手动T2中，确认开关必须保持在中间位置，方可使机器人运动 在采用自动模式时，安全开关不起作用
3	HSpad触摸屏手写笔插槽
4	USB接口，被用于存档/还原等操作
5	散热口
6	HSpad标签型号粘贴处

3）软件操作界面说明。机器人软件操作界面如图1-8所示，具体功能见表1-3。

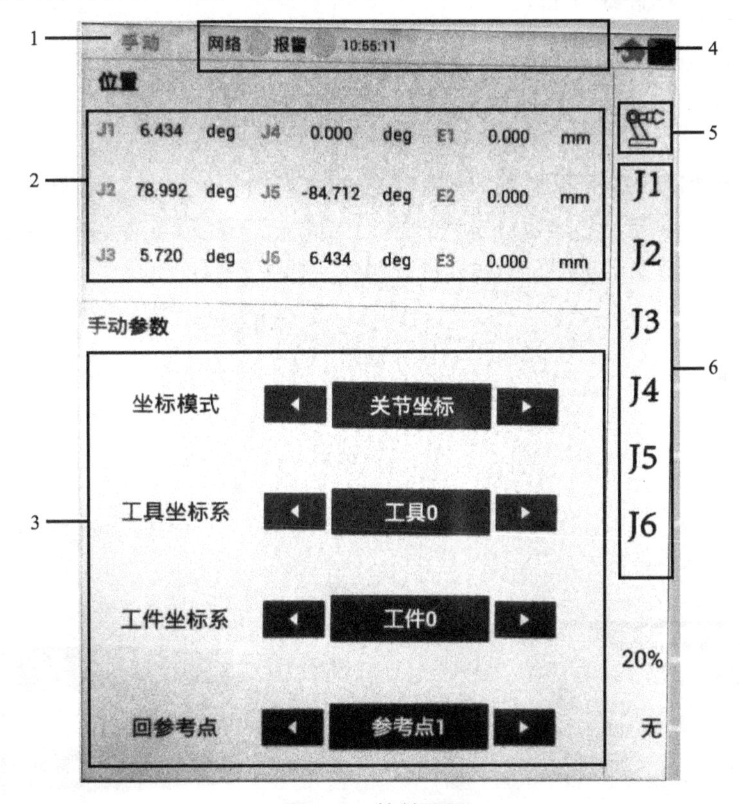

图1-8　软件界面

表1-3　机器人软件操作界面说明

标签项	说　明
1	菜单选择，菜单包含手动、示教、自动、寄存器、I/O信号、设置、生产管理
2	机器人当前位置，轴坐标位置、笛卡儿坐标位置
3	1）坐标系选择，在机器人操作时，需先选择相对应的坐标系 2）回参考点，可让机器人各轴回到原先设定的参考点

（续）

标签项	说明
4	1）网络状态 红色为网络连接错误，检查网络线路问题 黄色为网络连接成功，但初始化控制器未完成，无法控制机器人运动 绿色为网络初始化成功，示教器正常连接控制器，可控制机器人运动 2）报警状态 红色为机器人当前存在报警，无法控制机器人运动 绿色为机器人当前无报警，可以控制机器人运动 3）时钟 显示当前系统时间
5	机器人坐标系选择，一般用于在机器人示教时，快速切换机器人坐标系
6	点动运行指示 如果选择了与轴相关的运行，这里将显示轴号（A1、A2等） 如果选择了笛卡儿式运行，这里将显示坐标系的方向（X、Y、Z、A、B、C） 触摸图标会显示运动系统组选择窗口，选择组后，将显示为相应组中所对应的名称
7	机器人倍率修调图标

4）软件菜单选择说明。按下示教器菜单按钮 或者单击软件界面左上角的菜单按钮，软件界面会列出菜单选项，如图1-9所示。通过菜单选项选择相应的操作。下面对前3项常用的菜单内容做说明。

① 手动。手动运行界面是机器人控制系统的主窗口界面，主要用于显示和设置当前组号、运行模式、坐标系等。此界面分为两部分，上部分用于显示当前坐标位置，下部分显示手动参数，单击相应按钮即可对指定的模式进行操作，如图1-10所示。

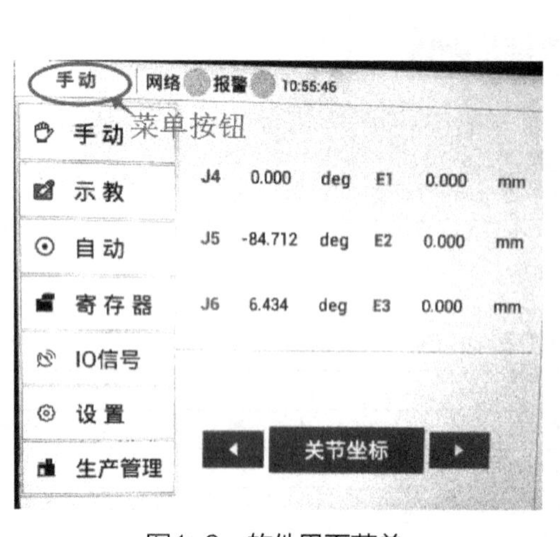

图1-9　软件界面菜单

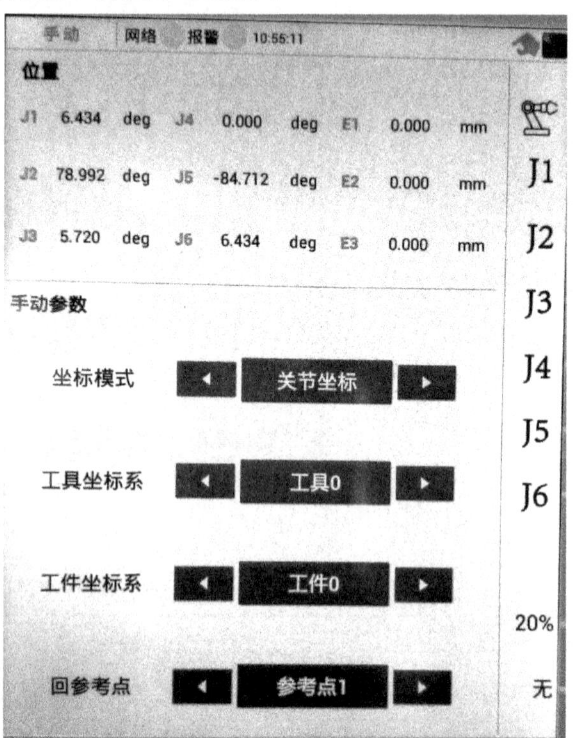

图1-10　手动运行界面

② 示教。在示教操作模式下，可以通过手动操作建立一个机器人程序，也可以打开已有机器人程序进行编辑修改。

③ 自动。在自动模式下可以运行机器人程序，可对程序进行调试和试运行，如图1-12所示。任何程序在运行前都必须先加载到内存中。

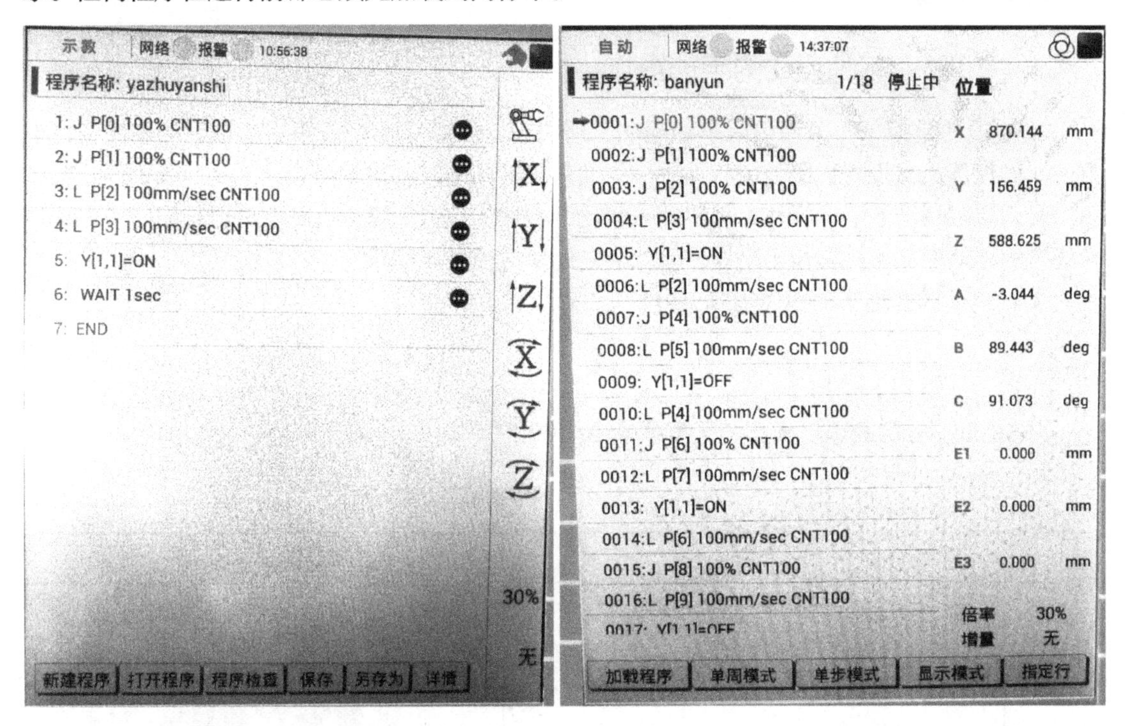

图1-11 示教运行界面　　　　图1-12 自动运行界面

2. HSR-JR612工业机器人的特点

HSR-JR612工业机器人与目前各大工业机器人厂商提供的六关节工业机器人的结构从外观上看大同小异，相差不大，从本质上来说，其结构应该都是一致的。J1、J2、J3为定位关节，机器人手腕的位置主要由这3个关节决定；J4、J5、J6为定向关节，主要用于改变手腕姿态。

HSR-JR612工业机器人的驱动系统采用交流伺服驱动器驱动，一个关节采用一个驱动器（目前很多厂家开始使用一个驱动器模组控制多关节）。臂部采用RV减速机，腕部采用谐波减速机。控制系统采用华中科技大学研制的HRT-5工业机器人控制系统，该系统由HRT机器人控制器与HTP机器人示教器以及运行在这两种设备上的软件所组成。

3. 安全操作注意事项

1）操作机器人时佩戴安全帽。

2）接通电源时，请确认机器人的动作范围内没有人员。

3）初次使用时应两名学生配合，一人操作示教器，另外一人站在电控箱旁，发现异常后及时按下电控箱上的红色急停按钮。

4）在点动操作机器人时要采用较低的速度倍率。

5）在按下示教盒上的点动运行键之前要考虑机器人的运动趋势。

6）要预先考虑好避让机器人的运动轨迹，并确认该线路不受干扰。

7）机器人周围区域必须清洁、无油、水及杂质等。

≫ 操作步骤

一、机器人单轴运动的手动操作

单轴运动是指每一个轴可以单独运动，所以在一些特别的场合使用单轴运动来操作会很方便，如机器人出现机械限位或软件限位需要单轴转回来时，也就是超出运动范围而停止时，可以利用单轴运动的手动操作，将机器人移动到合适的位置。单轴运动在进行粗略定位和比较大幅度的移动时，相比其他手动操作模式会方便快捷很多。

单轴运动的详细手动操作步骤见表1-4。

注意

进行以下步骤操作，操作人员需佩戴安全帽。

表1-4 单轴运动的手动操作步骤

序号	步骤	描述	图示
1	将机器人接通电源	1）电控箱通电源 2）旋转电源开关至ON位置 3）白色电源指示灯亮表示上电完成	电源指示 伺服使能 报警复位 急停按钮 EMERGENCY 电源开关
2	伺服上使能	按下黄色指示灯按钮，灯亮表示接通	伺服使能
3	选择手动界面	通过菜单键选择手动操作界面	手动 网络 报警 下午2:05 位置 J1 0.000 deg J4 0.000 deg E1 0.000 mm J2 0.000 deg J5 0.000 deg E2 0.000 mm J3 0.000 deg J6 0.000 deg E3 0.000 mm J1

（续）

序号	步骤	描述	图示
4	选择移动速度	通过示教器上的相应按键，选择想要移动的速度	20% −|+
5	选择运动坐标系	在坐标模式上选择关节坐标	坐标模式 ◀ 关节坐标 ▶
6	手握示教器，按下使能按钮	1）面向示教器，按下使能按钮，做好操作的准备 2）JI～J6图标显示绿色，则使能有效	
7	单轴移动机器人	1）示教器上的J1～J6，对应机器人的一轴～六轴的运动 2）“+”为正方向运行，“–”为负方向运行	J1 −|+ J2 −|+ J3 −|+ J4 −|+ J5 −|+ J6 −|+

二、机器人直线运动的手动操作

机器人直线运动是指安装在机器人第六轴法兰盘上工具的TCP在空间中做直线运动。直线运动是工具的TCP在空间X、Y、Z的直线运动，移动的幅度较小，适合较为精确的定位和移动。

直线运动的手动详细操作步骤见表1-5。

注意

进行以下步骤操作，操作人员需佩戴安全帽。

表1-5　直线运动的手动操作步骤

序号	步骤	描述	图示
1	1）将机器人接通电源 2）伺服上使能 3）选择手动界面 4）选择移动速度	这4个步骤参考表1-4中的相关操作步骤	
2	选择运动坐标系	在坐标模式上选择基坐标	坐标模式 ◀ 基坐标 ▶

（续）

序号	步骤	描述	图示
3	手握示教器，按下使能按钮	1）面向示教器，按下使能按钮，做好操作的准备 2）X、Y、Z等图标显示绿色，则使能有效	
4	直线移动机器人	1）上部分X、Y、Z对应机器人末端法兰直线移动的方向，下部分X、Y、Z对应末端法兰绕X轴、绕Y轴、绕Z轴旋转 2）“+”为正方向运行，“-”为逆方向运行	X −|+ Y −|+ Z −|+ X −|+ Y −|+ Z −|+

≫ 任务评价

完成本学习任务后，请对学习过程和结果的质量进行评价和总结，并填写表1-6。自我评价由学习者本人填写，小组评价由组长填写，教师评价由任课教师填写。

表1-6 评价反馈表

班级		姓名		学号		日期	
学习任务名称：				在相应框内打√			
自我评价	序号	评价标准		评价结果			
	1	能按时上、下课		□是 □否			
	2	着装规范		□是 □否			
	3	能独立完成任务书的填写		□是 □否			
	4	能利用网络资源、数据手册等查找有效信息		□是 □否			
	5	能了解工业机器人的组成		□是 □否			
	6	对工业机器人各大组成部分有初步认识		□是 □否			
	7	能了解工业机器人手动操作时的注意事项		□是 □否			
	8	能独立完成机器人开机		□是 □否			
	9	能独立完成机器人移动速度调整		□是 □否			
	10	能独立操作完成机器人单轴运动		□是 □否			
	11	能独立操作完成机器人直线运动		□是 □否			
	12	学习效果自评等级		□优 □良 □中 □差			
	13	经过本任务学习得到提高的技能有：					

（续）

	序号	评价标准	评价结果			
小组评价	1	在小组讨论中能积极发言	□优	□良	□中	□差
	2	能积极配合小组成员完成工作任务	□优	□良	□中	□差
	3	在任务中的角色表现	□优	□良	□中	□差
	4	能较好地与小组成员沟通	□优	□良	□中	□差
	5	安全意识与规范意识	□优	□良	□中	□差
	6	遵守课堂纪律	□优	□良	□中	□差
	7	积极参与汇报展示	□优	□良	□中	□差
	8	组长评语： 签名： 年　月　日				
教师评价	1	参与度	□优	□良	□中	□差
	2	责任感	□优	□良	□中	□差
	3	职业道德	□优	□良	□中	□差
	4	沟通能力	□优	□良	□中	□差
	5	团结协作能力	□优	□良	□中	□差
	6	理论知识掌握	□优	□良	□中	□差
	7	完成任务情况	□优	□良	□中	□差
	8	填写任务书情况	□优	□良	□中	□差
	9	教师评语： 签名： 年　月　日				

思考与拓展

在本任务中通过工业机器人的组成和基本操作步骤了解了工业机器人的手动操作方法，坐标模式通过手动参数页面选择，但在实际工作应用中，对坐标模式的选择如何操作？

课后练习题

1）HSR-JR612工业机器人由________、________和________三个基本部分组成。

2）工业机器人驱动器输入的是________，输出的是________、________位移量。

3）工业机器人一般有四种坐标模式，分别是________、________、________和________。

4）电控箱上的红色按钮是什么意思，什么情况下需要使用？

5）移动工业机器人时应该注意哪些事项？

6）机器人单轴运动和直线运动有什么差别，一般在什么场合使用单轴运动？

7）机器人如何回到原点位置？

8）让机器人在任意空间中画一条直线。

任务2 工业机器人校准

任务描述

本任务讲述了工业机器人技术参数，工业机器人零点校准判断方法，机器人零点回归操作方法及零点校准方法。

任务目标

1）掌握工业机器人回零点操作方法。

2）掌握工业机器人零点校准方法。

任务准备

1）HSR-JR612机器人1台，并接通电源。

2）机器人安装座1个。

3）安全围栏（视现场情况而定）。

4）安全帽（操作人员佩戴）。

知识储备

1. HSR-JR612工业机器人的技术参数

（1）机器人性能参数

1）性能参数定义。机器人性能参数主要包括工作空间、机器人负载、机器人运动速度、机器人最大动作范围和重复定位精度。

① 机器人工作空间。参考GB/T 12644—2001《工业机器人特性表示》，定义最大工作空间为机器人运动时手腕末端所能达到的所有点的集合。

② 机器人负载设定。参考GB/T 12643—2013《机器人与机器人装备词汇》，定义末端最大负载为机器人在工作范围内的任何位姿上所能承受的最大质量。

③ 机器人运动速度。定义关节最大运动速度为机器人单关节运动时的最大速度。

④ 机器人最大动作范围。参考JB/T 8896—1999《工业机器人验收规则》，定义最大工作范围为机器人运动时各关节所能达到的最大角度。机器人的每个轴都有软、硬限位，机器人的运动无法超出软限位，如果超出，则称为超行程，由硬限位完成对该轴的机械约束。

⑤ 重复定位精度。参考GB/T 12642—2013《工业机器人性能规范及其试验方法》，定义重复定位精度是指机器人对同一指令位姿，从同一方向重复响应N次后，实到位置和姿态散布的不一致程度。

2）机器人性能参数。

① 机器人性能参数见表1-7。

表1-7 机器人性能参数

型号	HSR-JR612
动作类型	关节型
控制轴	6
放置方式	地面安装

（续）

最大动作范围	J1	±160°
	J2	-165°/15°
	J3	45°/260°
	J4	±180°
	J5	±108°
	J6	±360°
最大运动速度	J1	148°/s
	J2	148°/s
	J3	148°/s
	J4	360°/s
	J5	225°/s
	J6	360°/s
最大运动半径		1555mm
手腕部最大负载		12kg
重复定位精度		±0.06mm
本体重量		196kg

② 机器人工作空间图如图1-13所示。

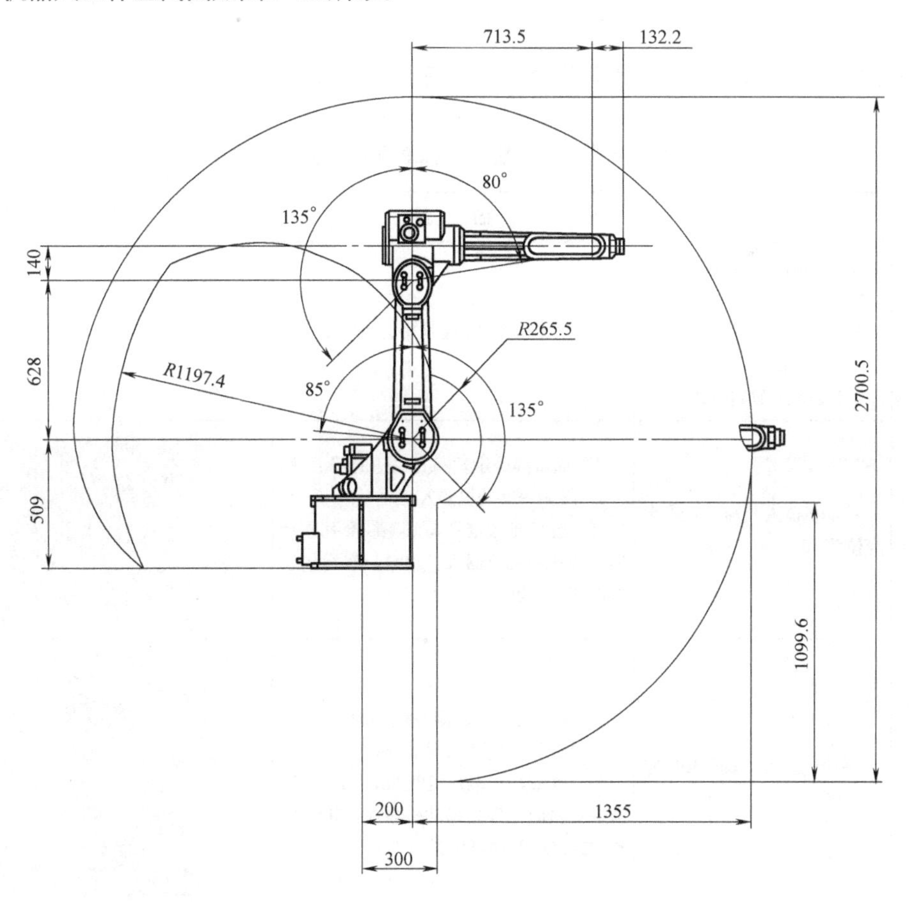

图1-13　机器人工作空间图

（2）驱动器性能参数

HSR-JR612工业机器人所使用的驱动器型号为HSV-160U，它有各种参数，通过这些参数可以调整或设定驱动单元的性能和功能。了解各种参数的用途和功能对最佳的使用和操作驱动单元是至关重要的。

HSV-160U参数分为4类：运动控制参数、扩展运动控制参数、控制参数、扩展控制参数。分别对应在运动参数模式、扩展运动控制参数模式、控制参数模式、扩展控制参数模式，这些参数一般在出厂时已设定好，这里不做详细介绍。

操作步骤

一、移动机器人至标准零点位置

工业机器人在出厂前，都会把机器人零点设置好，在使用机器人前，可以先把机器人移动到零点位置，观察位置是否正确。如果不正确，则需要重新校准后才能继续使用，否则会影响后面机器人调试工作。

手动移动机器人至标准零点位置的详细操作步骤见表1-8。

注意

进行以下步骤操作，操作人员需佩戴安全帽。

表1-8　手动移动机器人至标准零点位置的操作步骤

序　　号	步　　骤	描　　述	图　　示
1	1）将机器人接通电源 2）伺服上使能 3）选择手动界面 4）选择移动速度 5）选择关节运动坐标系	此5项步骤参考表1-4中的操作步骤	
2	移动机器人J1轴至校准零点位置	1）通过操作示教器J1右边的“-”和“+”按钮来移动机器人J1轴 2）当J1轴校准孔与底座校准孔重合时，停止移动机器人，此时J1轴已到达校准零点位置	
3	移动机器人J2轴至校准零点位置	1）通过操作示教器J2右边的“-”和“+”按钮来移动机器人J1轴 2）当J2轴校准尺度线与J1轴校准尺度线重合时，停止移动机器人，此时J2轴已到达校准零点位置	

（续）

序　　号	步　　骤	描　　述	图　　示
4	移动机器人J3轴至校准零点位置	1）通过操作示教器J3右边的“-”和“+”按钮来移动机器人J1轴 2）当J3轴校准尺度线与J2轴校准尺度线重合时，停止移动机器人，此时J3轴已到达校准零点位置	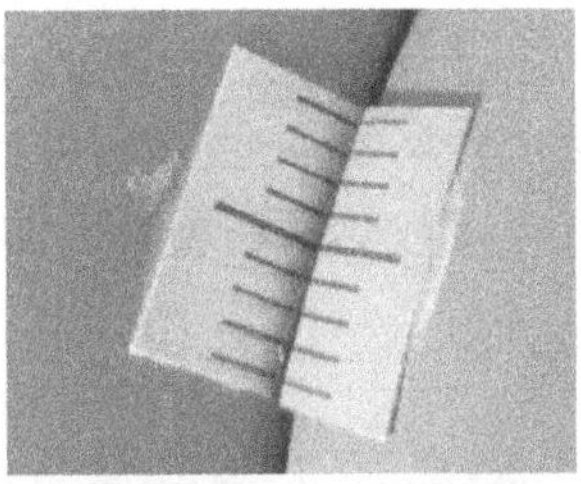
5	移动机器人J4轴至校准零点位置	1）通过操作示教器J4右边的“-”和“+”按钮来移动机器人J1轴 2）当J4轴校准尺度线与J3轴校准尺度线重合时，停止移动机器人，此时J4轴已到达校准零点位置	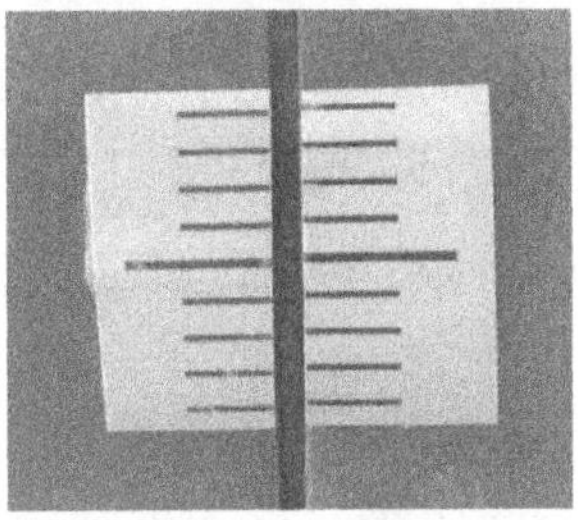
6	移动机器人J5轴至校准零点位置	1）通过操作示教器J5右边的“-”和“+”按钮来移动机器人J1轴 2）当J5轴校准尺度线与J4轴校准尺度线重合时，停止移动机器人，此时J5轴已到达校准零点位置	
7	移动机器人J6轴至校准零点位置	1）通过操作示教器J6右边的“-”和“+”按钮来移动机器人J1轴 2）当J6轴校准尺度线与J5轴校准尺度线重合时，停止移动机器人，此时J6轴已到达校准零点位置	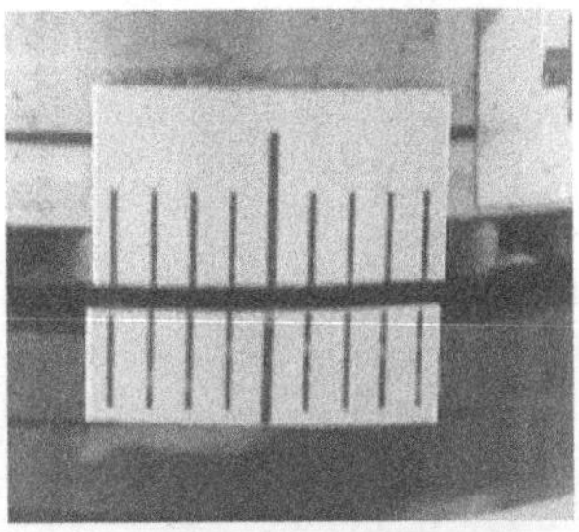
8	机器人各轴回零点后位置	经过将J1、J2、J3、J4、J5、J6轴移动后，最终机器人回零点位置	

二、工业机器人回参考点的操作

除了前面所述每个轴移动回零点的操作方法，HSR-JR612工业机器人控制系统也提供了另外一种简单快捷的回参考点（这里介绍的参考点为机器人零点）的操作方法。

手动移动机器人至标准零点位置的详细操作步骤见表1-9。

注意

进行以下步骤操作，操作人员需佩戴安全帽。

表1-9　手动移动机器人至标准零点位置的操作步骤

序　号	步　骤	描　述	图　示
1	1）将机器人接通电源 2）伺服上使能 3）选择手动界面 4）选择移动速度 5）选择关节运动坐标系	此5项步骤参考表1-4中的操作步骤	
2	选择回参考点1	单击回参考点1按钮	回参考点　◀　参考点1　▶
3	选择相对应的轴	1）长按J1，J1轴回到参考点，一直到机器人停止才松开手 2）其他轴操作类似 3）全部回零，则6个轴同时运动回参考点	回第1参考点 J1　J2　J3 J4　J5　J6 E1　E2　E3 全部回零 取消　确认

三、工业机器人零点校准

工业机器人运行前都必须进行零点校准，只有在校准之后方可进行笛卡儿运动，并且要将工业机器人移至编程位置。工业机器人的机械位置和编码器位置会在校准过程中协调一致，为此必须在零点校准时把轴的软限位使能关闭，轴数据校准后再启用使能开关，以便于零点校准。在设置数据时需要注意，设置的软限位数据不能超过机械硬限位，否则可能会造成机器人损坏。机器人置于一个已经定义的机械位置，即校准位置。然后，每个轴的编码器返回值均被储存下来。所有机器人的校准位置都相似，但不完全相同。精确位置在同一机器人型号的不同机器人之间也会有所不同。在以下几种情况下工业机器人需要进行零点校准，见表1-10。

表1-10　工业机器人校准情况

情　况	备　注
工业机器人初次投入运行时	必须校准，否则不能正常运行
工业机器人发生碰撞后	必须校准，否则不能正常运行
更换电机或编码器时	必须校准，否则不能正常运行
工业机器人运行碰撞到硬限位后	必须校准，否则不能正常运行

工业机器人零点校准的详细操作步骤见表1-11。

注意

进行以下步骤操作，操作人员需佩戴安全帽。

表1-11　工业机器人零点校准的操作步骤

序　号	步　骤	描　述	图　示
1	移动机器人各轴至零点位置	参考“移动机器人至标准零点位置”的操作步骤	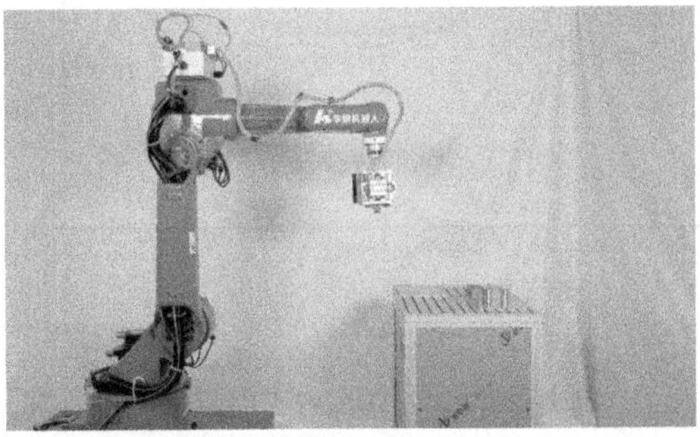
2	打开校准界面	1）通过菜单按钮打开菜单列表 2）单击“设置”按钮 3）单击“校准”按钮	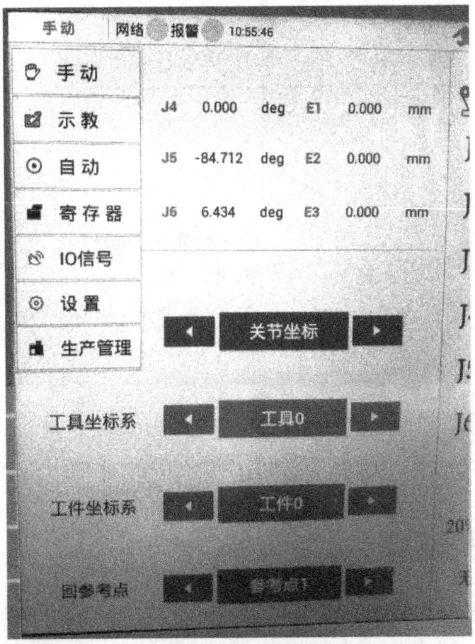

（续）

序号	步骤	描述	图示
3	确认各轴零点数据	零点位置J1～J6轴的角度为0°、90°、0°、0°、-90°、0°	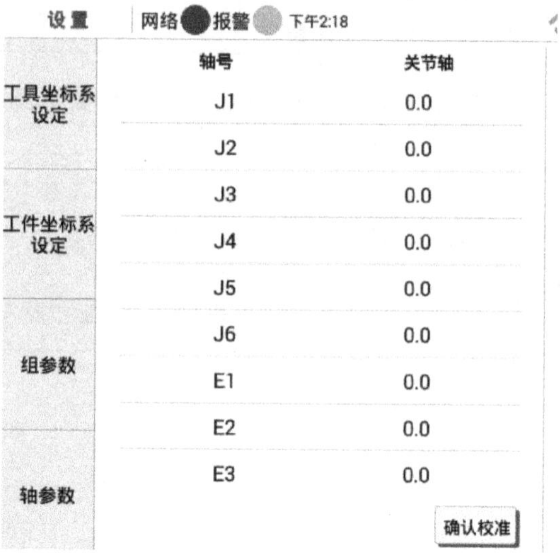 设置 网络 报警 下午2:18 工具坐标系设定 工件坐标系设定 组参数 轴参数 轴号 关节轴 J1 0.0 J2 0.0 J3 0.0 J4 0.0 J5 0.0 J6 0.0 E1 0.0 E2 0.0 E3 0.0 确认校准
4	修改零点数据	单击关节轴下面的数据，在弹出的对话框中填入正确坐标值	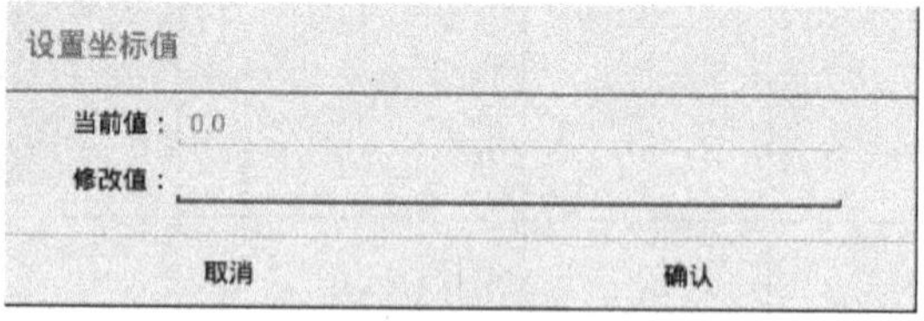 设置坐标值 当前值：0.0 修改值： 取消 确认
5	校准完成	1）单击“确认校准”按钮 2）画面显示校准成功	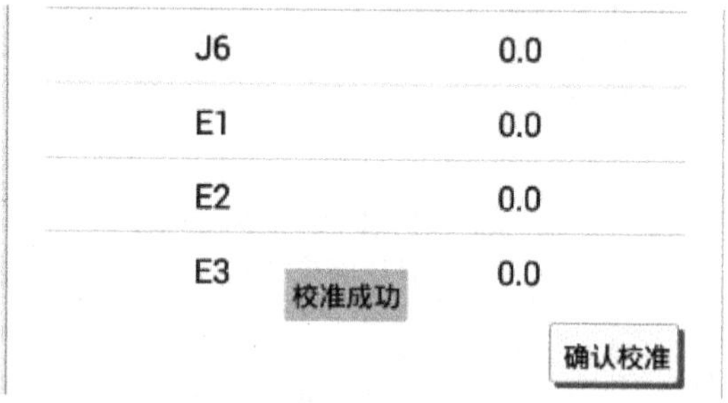 J6 0.0 E1 0.0 E2 0.0 E3 0.0 校准成功 确认校准

任务评价

完成本学习任务后，请对学习过程和结果的质量进行评价和总结，并填写表1-12。自我评价由学习者本人填写，小组评价由组长填写，教师评价由任课教师填写。

表1-12 评价反馈表

班级		姓名		学号		日期	
学习任务名称:				在相应框内打√			

	序 号	评 价 标 准	评 价 结 果
自我评价	1	能按时上、下课	□是 □否
	2	着装规范	□是 □否
	3	能独立完成任务书的填写	□是 □否
	4	能利用网络资源、数据手册等查找有效信息	□是 □否
	5	能了解工业机器人的性能参数	□是 □否
	6	熟悉机器人界面操作	□是 □否
	7	熟悉机器人零点判断方法	□是 □否
	8	能独立完成机器人各轴移动到零点位置	□是 □否
	9	能独立完成机器人回参考点操作	□是 □否
	10	能调出机器人原点校准画面	□是 □否
	11	能独立完成机器人原点校准操作	□是 □否
	12	学习效果自评等级	□优 □良 □中 □差
	13	经过本任务学习得到提高的技能有:	
小组评价	1	在小组讨论中能积极发言	□优 □良 □中 □差
	2	能积极配合小组成员完成工作任务	□优 □良 □中 □差
	3	在任务中的角色表现	□优 □良 □中 □差
	4	能较好地与小组成员沟通	□优 □良 □中 □差
	5	安全意识与规范意识	□优 □良 □中 □差
	6	遵守课堂纪律	□优 □良 □中 □差
	7	积极参与汇报展示	□优 □良 □中 □差
	8	组长评语: 签名: 年 月 日	
教师评价	1	参与度	□优 □良 □中 □差
	2	责任感	□优 □良 □中 □差
	3	职业道德	□优 □良 □中 □差
	4	沟通能力	□优 □良 □中 □差
	5	团结协作能力	□优 □良 □中 □差
	6	理论知识掌握	□优 □良 □中 □差
	7	完成任务情况	□优 □良 □中 □差
	8	填写任务书情况	□优 □良 □中 □差
	9	教师评语: 签名: 年 月 日	

思考与拓展

现在工厂里面有一台工业机器人，因发生过撞机，运动的位置与原来保存的位置不一样，为什么？该如何解决？

课后练习题

1）机器人性能参数主要包括工作空间、__________、__________、__________和__________。

2）工业机器人运行前都必须进行__________，只有在校准之后方可进行笛卡儿运动。

3）工业机器人零点位置，各轴的角度值分别是：J1__________、J2__________、J3__________、J4__________、J5__________、J6__________。

4）在进行原点校准时，手动操作机器人应选择什么坐标模式？为什么？

5）移动机器人时，各轴是否到达零点位置的判断方法是什么？

6）工业机器人在什么情况下需要校准？

7）工业机器人一键回参考点怎么操作？

8）在原点校准时，如果需要手动修改原点坐标值，该如何操作？

任务3　工业机器人坐标系设定

任务描述

本任务主要讲述工业机器人坐标系的分类及含义，工业机器人工件坐标系和工具坐标系的多种标定方法。

任务目标

1）掌握工业机器人工件坐标系标定方法。

2）掌握工业机器人工具坐标系标定方法。

任务准备

1）HSR-JR612机器人1台，并接通电源。

2）机器人工具1套（本任务以水性笔为工具）。

3）机器人安装座1个。

4）工作台1张。

5）安全围栏（示现场情况而定）。

6）安全帽（操作人员佩戴）。

知识储备

1. HSR-JR612工业机器人参考坐标系

六轴工业机器人主要有两种参考坐标系：关节坐标系（又称轴坐标系）和直角坐标系，而直角坐标系又分为世界坐标系、基坐标系和工具坐标系。

（1）关节坐标系

关节坐标系使用的坐标为（J1、J2、J3、J4、J5、J6），由机器人的6个关节位置角度组成。6个关节相对于关节零点偏移的角度值所构成的坐标即关节坐标系，如图1-14所示即（0°、90°、0°、0°、0°、0°）。

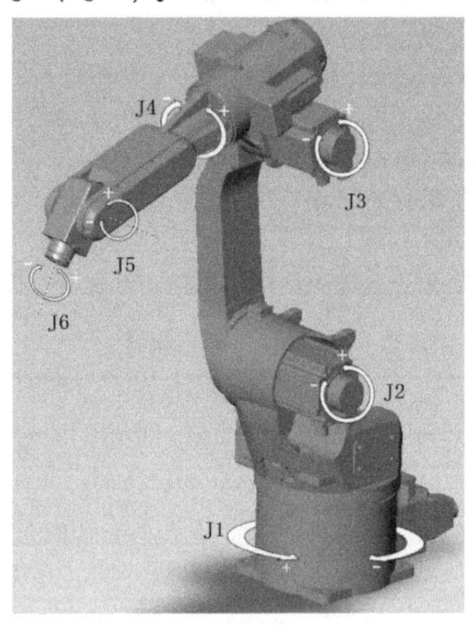

图1-14　关节坐标系

（2）直角坐标系

如图1-15所示，直角坐标系为机器人的空间笛卡儿坐标系。直角坐标使用的坐标是X、Y、Z、A、B、C（X，Y，Z）：代表在直角坐标系下工具中心（TCP相对工件坐标系在空间上的距离）。（A，B，C）：代表在直角坐标系下，TCP绕X方向、Y方向、Z方向的转动。

1）基坐标系。HSR-JR612工业机器人控制系统采用标准D-H法则定义机器人直角坐标系，即J1与J2关节轴线的公垂线在J1轴线上的交点为基坐标系原点，坐标系方向如图1-15所示。

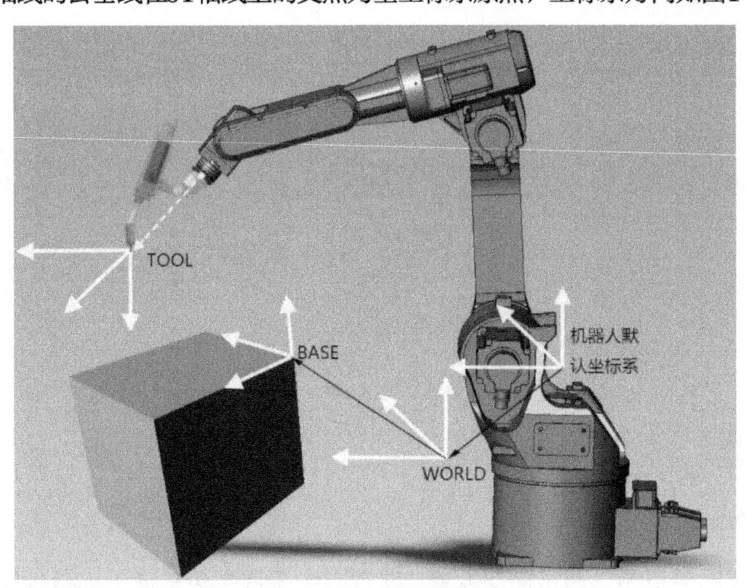

图1-15　直角坐标系

2）工具坐标系。默认工具（TOOL0）的工具中心点（TCP）位于机器人4、5、6轴轴线的交点，其坐标系的方向是根据基坐标计算得来，如图1-15所示。工具坐标系是把机器人腕部法兰盘所握工具的有效方向定为Z轴，也叫接近矢量，把坐标定义在工具尖端点。工具坐标的方向随腕部的移动而发生变化。

3）工件坐标系。工件坐标对应工件，它定义了工件相对于基坐标的位置。机器人可以拥有若干个工件坐标系，或者表示不同工件，或者表示同一工件在不同位置的若干副本。HSR-JR612工业机器人控制系统共有16个工件坐标系供用户使用。不过在实际应用中，如果工件位置不是很特殊，一般使用基坐标即可。

（3）机器人姿态

工业机器人通过使用姿态角来描述工具点的姿态，见表1-13和图1-16所示。

表1-13　机器人姿态

转　　角	含　　义
A（Y）	Yaw（偏航角）
B（P）	Pitch（俯仰角）
C（R）	Roll（滚转角）

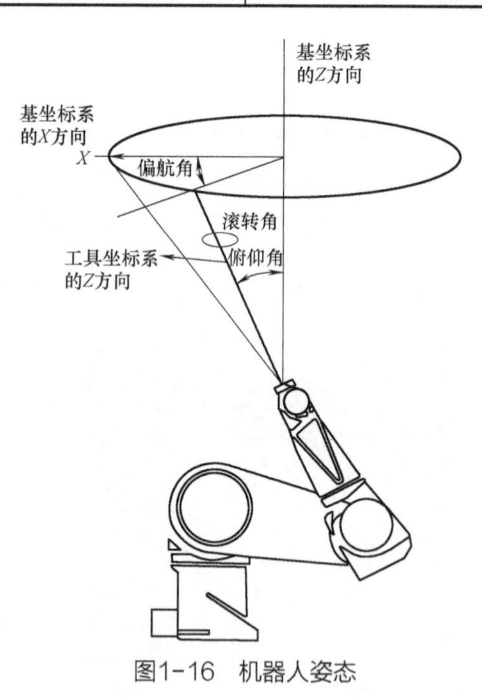

图1-16　机器人姿态

操作步骤

一、工件坐标系设置

在机器人实际应用中，通常需要设置一个或多个工件坐标系便于机器人位置调试。工件坐标系设置的好与坏直接影响到后续机器人调试的效果和效率，故正确掌握基坐标系的设置方法是入门工业机器人调试的敲门砖。

工件坐标系标定有三点法和四点法，一般选择使用三点法，通过记录坐标原点、X方向、Y方向上的三个点，系统会重新计算出新的基坐标系。为了便于记录这三个点，一般选择平面上某个工件的直角或者在平面上画一个直角作为参考，移动机器人到直角点作为新基坐标系原点并记录，直角的两边作为X方向和Y方向上的点并记录。通过坐标系右手法则（右手中指、食指、拇指建立直角坐标系，中指代表Z正方向，食指代表Y正方向，拇指代表X正方向）来判断所记录的X、Y方向上的点是正方向还是负方向。

四点法是将第一个点作为相对原点，将工具TCP沿工件坐标系+X方向移动一定的距离作为X方向延伸点，在工件坐标系XOY平面第一或第二象限内选取任意点作为Y方向延伸点，最后操作机器人到第四个点作为绝对原点，由此4个点计算出工件坐标系。

工件坐标系设置必须选择在默认基坐标系下进行。

本活动以工作台边角为参考直角。

工业机器人工件坐标系标定的详细操作步骤（三点法）见表1-14。

注意

进行以下步骤操作，操作人员需佩戴安全帽。

表1-14　工业机器人工件坐标系三点法标定的操作步骤

序　号	步　骤	描　述	图　示
1	前期准备	机器人上电，进入手动模式，坐标系选择基坐标系	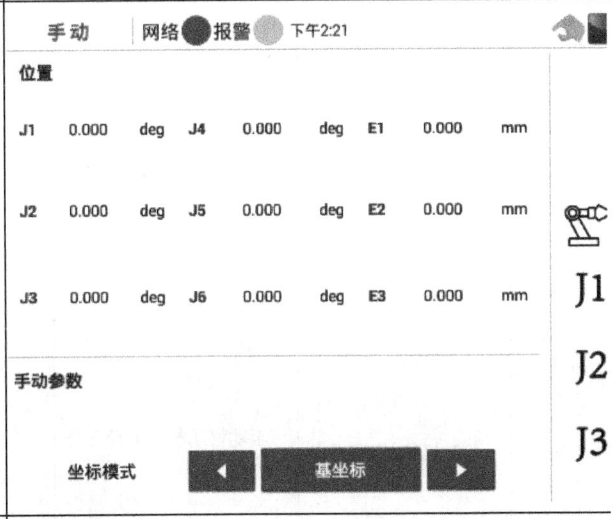 手动　网络　报警　下午2:21 位置 J1 0.000 deg　J4 0.000 deg　E1 0.000 mm J2 0.000 deg　J5 0.000 deg　E2 0.000 mm J3 0.000 deg　J6 0.000 deg　E3 0.000 mm 手动参数 坐标模式　基坐标 J1　J2　J3
2.	菜单画面选择	1）通过菜单选择设置 2）选择工件坐标系设定	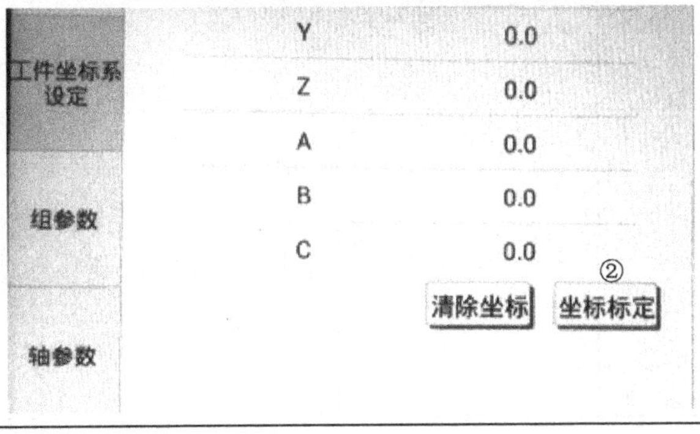 工件坐标系设定　组参数　轴参数 Y 0.0 Z 0.0 A 0.0 B 0.0 C 0.0 ② 清除坐标　坐标标定

（续）

序　号	步　骤	描　述	图　示
3	选择工件坐标系编号及标定方法	1）选择工件编号 2）单击坐标标定（步骤2） 3）选择三点标定	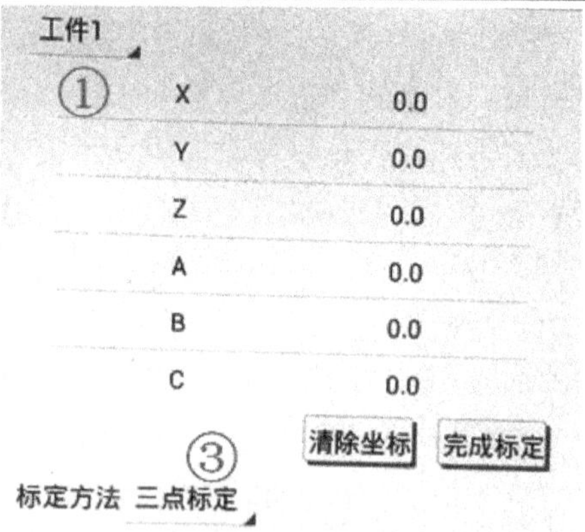 工件1 ① X 0.0 Y 0.0 Z 0.0 A 0.0 B 0.0 C 0.0 清除坐标 完成标定 ③ 标定方法 三点标定
4	移动机器人至坐标原点	手动移动机器人至工作台边角	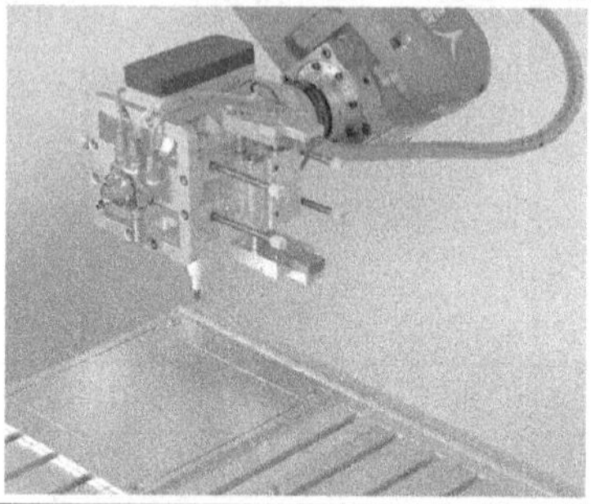
5	记录绝对原点位置	单击“记录位置”按钮	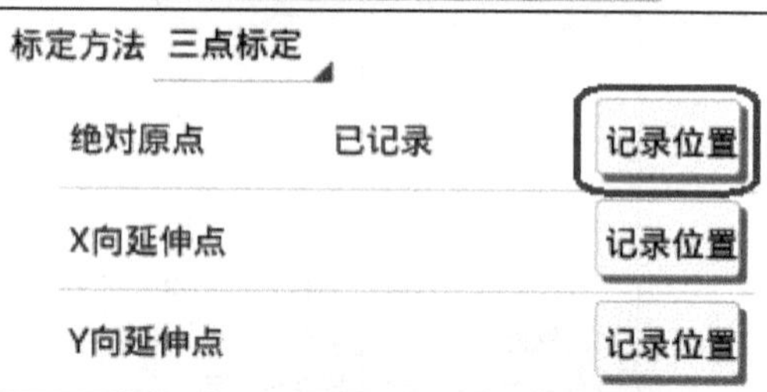 标定方法 三点标定 绝对原点 已记录 记录位置 X向延伸点 记录位置 Y向延伸点 记录位置
6	移动机器人至X方向	手动移动机器人至工作台边线	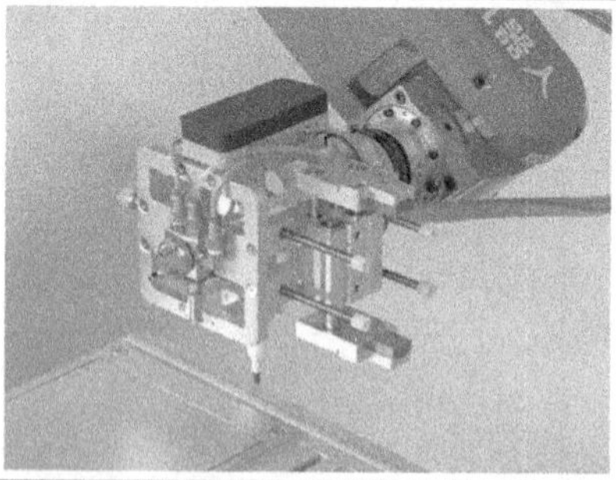
7	记录X向延伸点	单击“记录位置”按钮	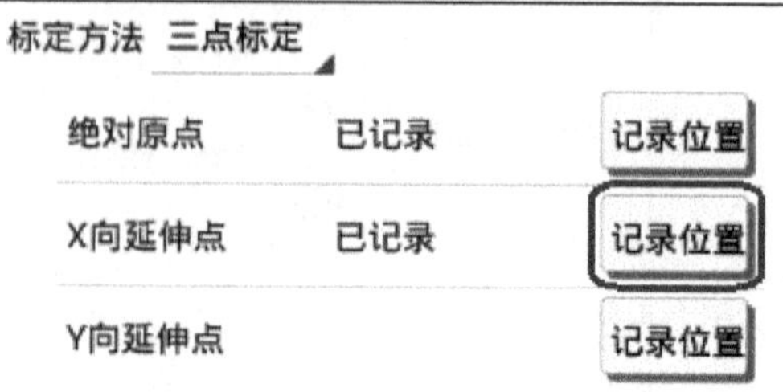 标定方法 三点标定 绝对原点 已记录 记录位置 X向延伸点 已记录 记录位置 Y向延伸点 记录位置

（续）

序　号	步　骤	描　述	图　示
8	移动机器人至Y方向	手动移动机器人至工作台边线	
9	记录Y向延伸点	单击“记录位置”按钮	标定方法 三点标定 绝对原点 已记录 记录位置 X向延伸点 已记录 记录位置 Y向延伸点 已记录 记录位置
10	标定完成	单击“完成标定”按钮，画面显示“正在标定，请稍后！”，无提示报警则标定完成	清除坐标 完成标定 标定方法 三点标定 绝对原点 已记录 记录位置 X向延伸点 已记录 记录位置 Y向延伸点 已记录 记录位置

二、工具坐标系标定

工具数据用于描述安装在机器人第六轴上的工具坐标TCP、质量、重心等参数数据。工具数据会影响机器人的控制算法、速度和加速度监控，因此机器人的工具数据需要正确设置。

一般，不同的机器人或者同一机器人，因不同应用需配置不同的工具，如焊接机器人需使用焊炬作为工具，而搬运机器人一般使用气动手爪或吸盘作为工具。默认工具坐标的工具中心点位于机器人安装法兰的中心，执行程序时，机器人将TCP移至编程位置，这意味着，如果要更改工具或工具坐标系，则机器人的移动将随之更改，以便新的TCP到达目标。常用的工具坐标系设置方法有四点法和六点法，四点法为将待测量工具的中心点从4个不同方向移向一个参照点，控制系统便可根据这4个点计算出TCP的值。参照点可以任意选择，运动到参照点所用的4个法兰位置须分散足够远的距离。

工具坐标系标定的方法有三点法和六点法，三点法是通过标定空间中机器人末端在坐标系中的三个不同位置来计算工具坐标系，如图1-17所示。六点法是在三点法的基础上增加三个点，来计算工具坐标系的机器人的姿态，增加的三点如图1-18所示。

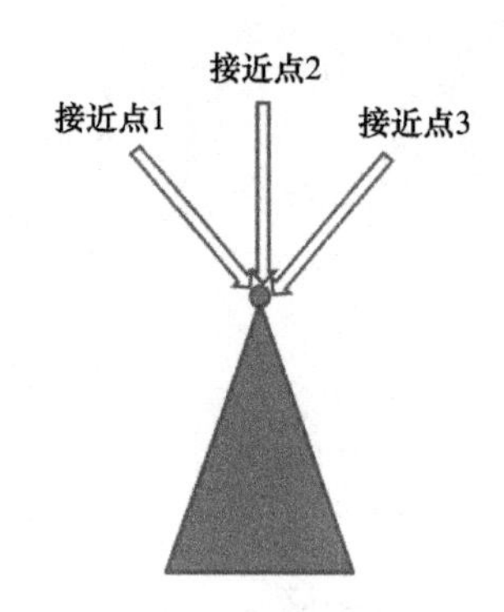

图1-17　三点法

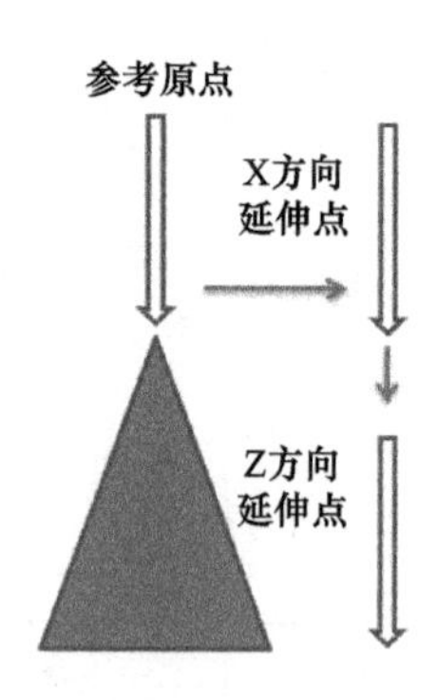

图1-18　六点法

工业机器人工具坐标系标定的详细操作步骤（三点法）见表1-15。

注意

进行以下步骤操作，操作人员需佩戴安全帽。

表1-15　工业机器人工具坐标系三点法标定的操作步骤

序　号	步　骤	描　述	图　示
1	前期准备	1）机器人上电，进入手动模式，坐标系选择基坐标系 2）机器人末端安装水性笔 3）准备校准圆锥	
2	菜单画面选择	1）通过菜单选择设置 2）选择工具坐标系设定	

（续）

序号	步骤	描述	图示
3	选择工具坐标系编号及标定方法	1）选择工件编号 2）单击坐标标定（步骤2） 3）选择三点标定	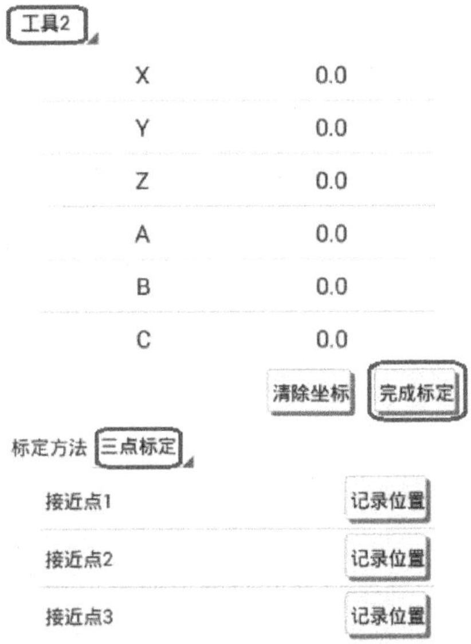 工具2 X 0.0 Y 0.0 Z 0.0 A 0.0 B 0.0 C 0.0 清除坐标 完成标定 标定方法 三点标定 接近点1 记录位置 接近点2 记录位置 接近点3 记录位置
4	移动机器人至接近点1	手动移动机器人至圆锥顶点	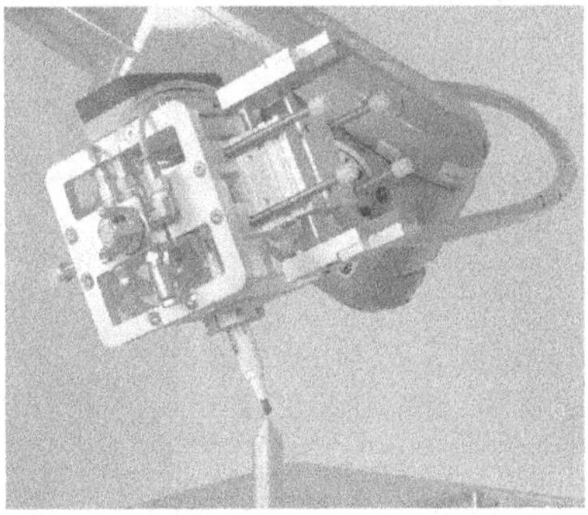
5	记录接近点1位置	单击“记录位置”按钮	 标定方法 三点标定 接近点1 已记录 记录位置 接近点2 记录位置 接近点3 记录位置
6	移动机器人至接近点2	换一个方向手动移动机器人至圆锥顶点，角度要大一点	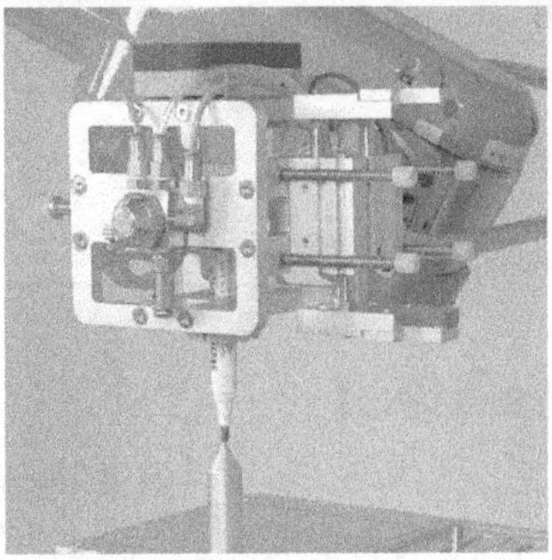

（续）

序　号	步　骤	描　述	图　示
7	记录接近点2位置	单击“记录位置”按钮	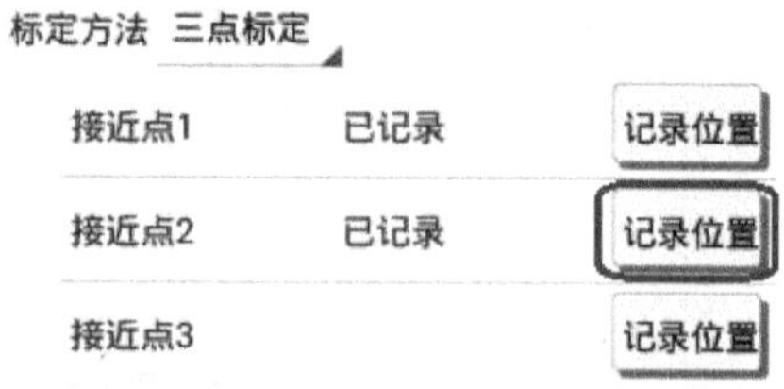 标定方法 三点标定 接近点1 已记录 记录位置 接近点2 已记录 记录位置 接近点3 记录位置
8	移动机器人至接近点3	换一个方向手动移动机器人至圆锥顶点，角度要大一点，不能与点1方向重合或接近	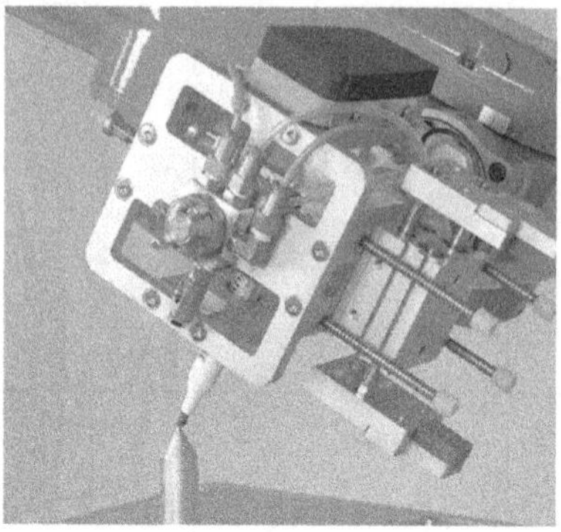
9	记录接近点3位置	单击“记录位置”按钮	 标定方法 三点标定 接近点1 已记录 记录位置 接近点2 已记录 记录位置 接近点3 记录位置
10	标定完成	单击“完成标定”按钮，画面显示“正在标定，请稍后！”，无提示报警则标定完成	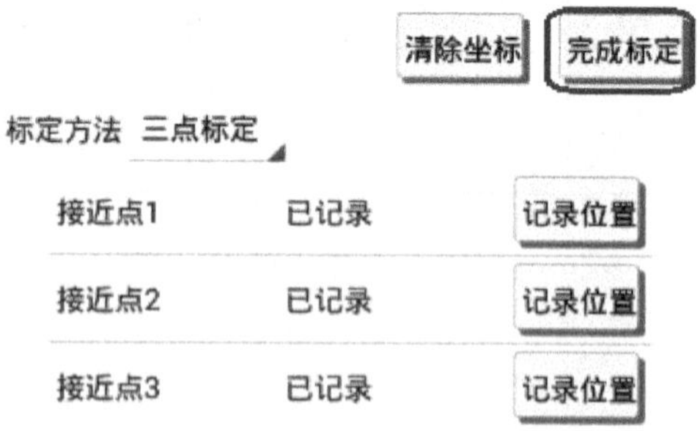 清除坐标 完成标定 标定方法 三点标定 接近点1 已记录 记录位置 接近点2 已记录 记录位置 接近点3 已记录 记录位置

≫ 任务评价

完成本学习任务后，请对学习过程和结果的质量进行评价和总结，并填写表1-16。自我评价由学习者本人填写，小组评价由组长填写，教师评价由任课教师填写。

表1-16 评价反馈表

班级		姓名		学号		日期	

学习任务名称:			在相应框内打√
	序号	评价标准	评价结果
自我评价	1	能按时上、下课	□是 □否
	2	着装规范	□是 □否
	3	能独立完成任务书的填写	□是 □否
	4	能利用网络资源、数据手册等查找有效信息	□是 □否
	5	能了解工业机器人坐标系的定义	□是 □否
	6	掌握坐标系切换的方法	□是 □否
	7	了解工具坐标系和工件坐标系的作用	□是 □否
	8	熟悉工具坐标系和工件坐标系标定方法	□是 □否
	9	了解工具坐标系和工件坐标系使用场合	□是 □否
	10	能独立完成工件坐标系标定（三点法）	□是 □否
	11	能独立完成工具坐标系标定（三点法）	□是 □否
	12	学习效果自评等级	□优 □良 □中 □差
	13	经过本任务学习得到提高的技能有:	
小组评价	1	在小组讨论中能积极发言	□优 □良 □中 □差
	2	能积极配合小组成员完成工作任务	□优 □良 □中 □差
	3	在任务中的角色表现	□优 □良 □中 □差
	4	能较好地与小组成员沟通	□优 □良 □中 □差
	5	安全意识与规范意识	□优 □良 □中 □差
	6	遵守课堂纪律	□优 □良 □中 □差
	7	积极参与汇报展示	□优 □良 □中 □差
	8	组长评语: 签名: 年 月 日	
教师评价	1	参与度	□优 □良 □中 □差
	2	责任感	□优 □良 □中 □差
	3	职业道德	□优 □良 □中 □差
	4	沟通能力	□优 □良 □中 □差
	5	团结协作能力	□优 □良 □中 □差
	6	理论知识掌握	□优 □良 □中 □差
	7	完成任务情况	□优 □良 □中 □差
	8	填写任务书情况	□优 □良 □中 □差
	9	教师评语: 签名: 年 月 日	

思考与拓展

本任务详细介绍了工件坐标系三点法的标定方法和工具坐标系三点法的标定方法，工件坐标系四点法和工具坐标系六点法标定方法类似，有兴趣的同学可以课外尝试。

课后练习题

1）六轴工业机器人主要有两种参考坐标系：________和________，而_______又分为世界坐标系、________、__________。

2）直角坐标使用的坐标是X、Y、Z、A、B、C，（A，B，C）：代表在直角坐标系下，________绕________方向、________方向、________方向的转动。

3）工具坐标系标定的方法有________和________。

4）使用三点法设置一个工件坐标系，坐标系编号为工件2。

5）使用三点法设置一个工具坐标系，坐标系编号为工具8。

项目2　工业机器人程序示教

知识点

- 程序的建立及指令的添加方法。
- 运动指令：关节运动（J）、直线运动（L）、圆弧运动（C）。
- I/O指令DI（X）、D0（Y）。
- 等待指令WAIT。
- 寄存器指令P、PR。
- 条件指令IF。
- 流程指令LBL、CALL。

技能点

- 程序加载。
- 程序编辑。
- 指令添加。
- 程序示教。
- 程序运行。

知识储备

一、HSR-JR612工业机器人程序结构

在实际机器人应用中，每一个示教程序分为3个部分：常量及变量声明部分、主程序、子程序。其中，主程序是必需且唯一的，当用户开始运行示教程序时，系统会自动进入主程序开始执行。当用户在示教器中新建一个“程序”时，示教器软件会自动为它生成一个主程序模版。子程序是可选择性调用的，由用户编写，一个主程序中可以调用多个子程序。

该版本系统的机器人程序只有主程序，每个程序都以END结束，用户新建程序时，系统会自动调出模板，如图2-1所示。

程序的基本信息包括：程序名、程序注释、子类型、组标志、写保护、程序指令和程序结束标志。

1）程序名：用以识别存入控制器内存中的程序，在同一个目录下不能包含两个或更多拥有相同程序名的程序。程序名长度不超过8个字符，由字母、数字、下画线（_）组成。

2）程序注释：程序注释连同程序名一起来描述选择界面上显示的附加信息。

3）子类型：用于设置程序文件的类型。目前本系统只支持机器人程序这一种类型。

图2-1　程序模板

4）组标志：设置程序操作的动作组，必须在程序执行前设置。目前本系统只有一个操作组，默认的操作组是组1（1，*，*，*，*）。

5）写保护：指定该程序可否被修改。若设置为“是”，则程序名、注释、子类型、组标志等不可修改。若此项设置为“否”，则程序信息可修改。当程序创建且操作确定后，可将此项设置为“是”来保护程序，防止他人或自己误修改。

二、HSR-JR612工业机器人程序指令

1. 运动指令

运动指令实现以指定速度、特定路线模式等将工具从一个位置移动到另一个指定位置。运动指令格式如图2-2所示。

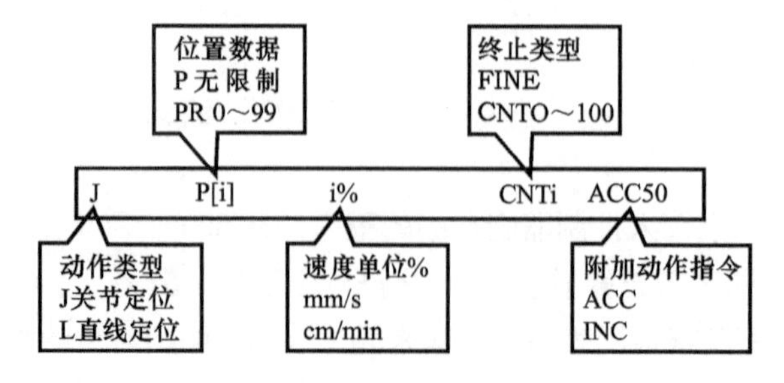

图2-2　运动指令格式

在使用运动指令时须指定以下几项内容：

1）动作类型。

2）位置数据。

3）进给速度。

4）定位路径。

5）附加运动指令。

（1）动作类型

动作类型指的是机器人到达指定位置的运动路径。机器人运动的类型有3种：关节运动（J）、直线运动（L）、圆弧运动（C）。

1）关节运动（J）。

① 指令说明：

关节运动是移动机器人各关节到达指定位置的基本动作模式。独立控制各个关节同时运动到目标位置，即机器人以指定进给速度，沿着（或围绕）所有轴的方向，同时加速、减速或停止。工具的运动路径通常是非线性的，在两个指定的点之间任意运动。以最大进给速度的百分数作为关节定位的进给速度，其最大速度由参数设定，程序指令中只给出实际运动的倍率。

② 指令举例：

```
1:J P[1] 100% FINE
2:J P[2] 100% FINE
3:END
```

P[1]点以100%速度采用关节运动方式移动到P[2]点，如图2-3所示。

图2-3　关节运动方式

2）直线运动（L）。

① 指令说明：

直线运动指令控制TCP（工具中心点）沿直线轨迹运动到目标位置，其速度由程序指令直接指定，单位可为mm/s、cm/min、in/min，常用于对轨迹控制有要求的场合。

② 指令举例：

```
1:J P[1] 100% FINE
2:L P[2] 100mm/sec FINE
3:END
```

P[1]点以100mm/s的速度采用直线运动方式移动到P[2]点，如图2-4所示。

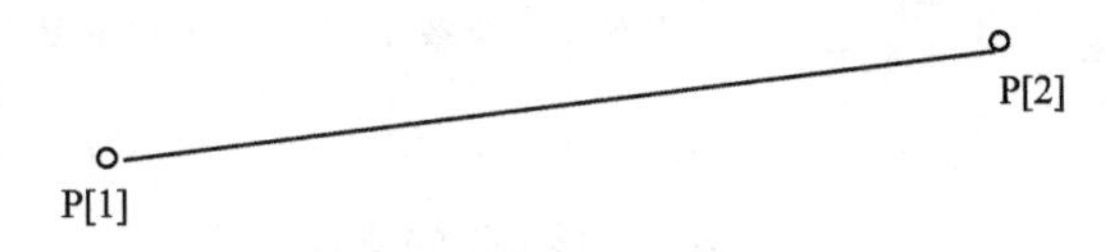

图2-4　直线运动方式

3）圆弧运动（C）。

① 指令说明：

圆弧运动指令控制TCP（工具中心点）沿圆弧轨迹从起始点经过中间点移动到目标位置，同时附带姿态的插补，中间点和目标点在指令中一并给出。其速度由程序指令直接指定，单位可为mm/s、cm/min、in/min。

② 指令举例：

```
1:J P[1] 100% FINE
2:C P[2] P[3] 1000mm/sec FINE
3:END
```

P[1]点开始沿着过P[2]点的圆弧以1000mm/s的速度运动至P[3]点，如图2-5所示。

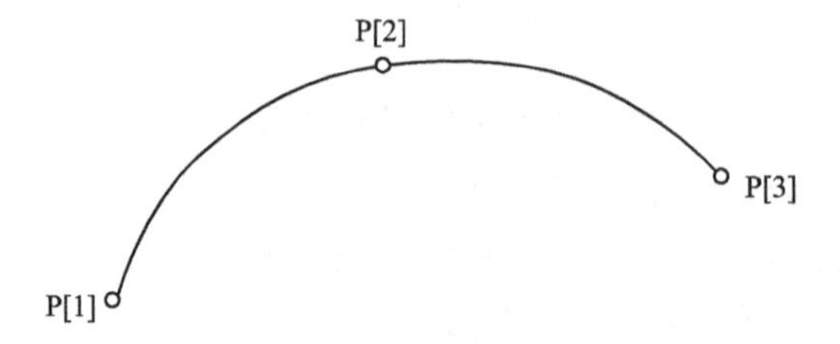

图2-5 圆弧运动

（2）位置数据

位置数据是指令指定运动的目标位置，位置数据包括机器人位置和机器人姿态。在运动指令中，位置数据通过位置变量（P[i]）和位置寄存器（PR[i]）表示，如图2-6所示。一般情况下，使用位置变量。

图2-6 位置变量和位置寄存器

位置数据被划分为两种类型。一种类型包含在直角坐标系下的位置和姿态两种信息（X、Y、Z、A、B、C）。另一种包含在关节坐标系下的关节坐标（J1、J2、J3、J4、J5、J6），没有姿态信息。

1）直角坐标系数据。

直角坐标系下的位置数据包含4个元素：用户坐标系序号、工具坐标系序号、位置/姿态和配置，如图2-7所示。

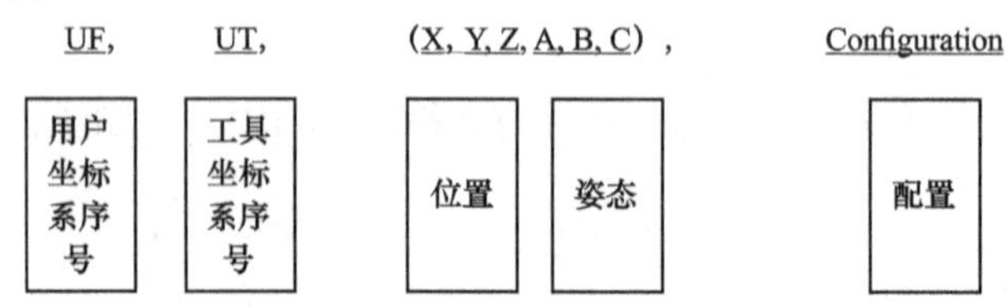

图2-7 直角坐标系下的位置数据

以P1点为例，一个完整的P1点直角坐标位置数据如图2-8所示。

P1 { UF：0，UT：0
POS：-35.125，156.098，-62.248，50，88.140，-32.842
CONFIG：0 0 0 }

图2-8　直角坐标系位置数据

配置（CONFIG）指的是机器人姿态，决定着机器人位置的唯一性。在机器人空间点位里，同一个点可以通过各个轴的不同角度组合得到，但它们所对应的机器人姿态不一样。

2）关节坐标系数据。

关节坐标系下的位置数据用每个关节的角度位置定义，如图2-9所示。关节坐标系位于每个关节的基准面上。

J1，J2，J3，	J4，J5，J6	E1，E2，E3
定位关节	定向关节	附加轴

图2-9　每个关节的角度位置

以P1点为例，一个完整的P1点轴关节位置数据如下：

P1（30°，-125°，45°，-36°，0°，168°）

附加轴为机器人本体外的轴，如带着机器人移动的行走轴，焊接机器人变位机上的X、Y轴等。

（3）进给速度

进给速度指机器人运动的速度。在程序执行过程中，进给速度可以通过倍率进行修调。进给速度的单位取决于动作指令类型。

① 直接给定。直接给定指的是通过数值直接给定。下面举例说明：

```
J P[1]  60% FINE
```

上述指令中60%指的是该指令以最大进给速度的60%到达P1点，范围从1%～100%。

```
L P[2]  100mm/sec FINE
```

上述指令中100mm/s，指的是末端从P1点直线运动到P2点，速度为100mm/s。

如果指定的动作类型为直线运动或者圆弧运动时，直接指定运动的速度值（mm/s、cm/min、in/min）和最大值由参数限制。

② 用寄存器指定进给速度。进给速度可以用寄存器指定。允许用户在寄存器中计算好进给速度后，再作为动作指令指定进给速度。由于此时的进给速度取决于指定的寄存器，这就意味着机器人可能以一种出乎意料的速度运动，所以使用这个功能时，在示教和操作过程中都必须小心谨慎地指定寄存器（初学者不建议使用）。

程序举例：

```
1:R[1]=10
2:R[2]=20
3:R[3]=R[1]*R[2]
4:J P[1]  R[1]% FINE
5:L P[2]  R[2]mm/sec FINE
6:C P[3]  P[4]  R[3]mm/sec FINE
7:END
```

（4）定位路径

定位路径指定到达目标点的形式，有以下两种形式，如图2-10所示：

① FINE：准确停止。

示例：

FINE 定位路径：J P[1] 30% FINE

当指定FINE定位路径时，机器人在向下一个目标点运动前，停止在当前目标点上。

② CNT：圆弧过渡。

CNT后的数值为过渡误差，该数值的取值范围为0～100，CNT0等价于FINE。当指定CNT定位路径时，机器人逼近一个目标点但是不停留在这个目标点上，而是向下一个目标点移动。其取值为逼近误差。例如，CNT70表示目标P[2]点到机器人实际运行路径的最短距离为70mm。

注意

示教如等待指令这样的指令时，机器人应停止在目标点上来执行该指令，使用FINE定位路径。

示例：

```
1:J P1 100% FINE
2:J P2 100% CNT50
3:J P3 100% FINE
4:END
```

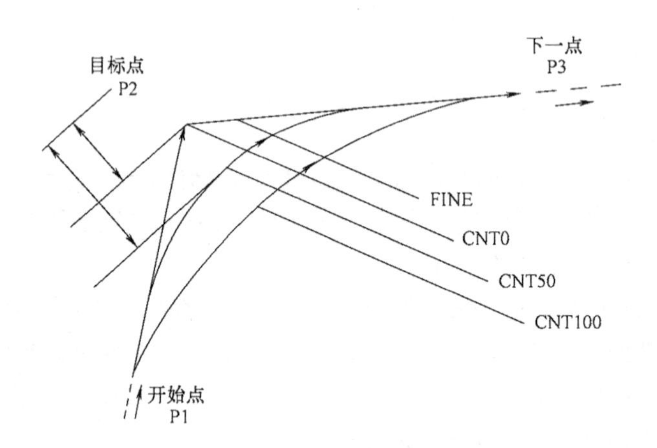

图2-10　机器人定位路径

上述例子机器人从P1点运行到P2点，再运行到P3点，其中运行到P2点时不同的过渡误差值，机器人走的路径不一样。在实际机器人应用中，如果P2点作为过渡点，则CNT的值可以取大些，如果作为目标点，则CNT的值取0或直接用FINE。

（5）附加运动指令

指定机器人在运动过程中的附加运动指令。附加运动指令让机器人完成特殊的任务，本系统目前支持的附加指令有：加速倍率（ACC）和增量指令（INC）。

1）加速倍率（ACC）。该指令指定运动过程中的加速度的倍率。ACC后紧跟数字，表示加速度的倍率。如ACC80，即80%的加速度。当减小加速倍率时，加速的时间会变长（加速和减速慢慢地完成）。当加速倍率提高时，加速时间就会变短（加速和减速快速地完成）。从起点到目标点，用于执行动作的时间取决于加速倍率。加速倍率值的范围在1%～2000%之间变化。在目标位置处添加加速倍率。

注意

如果加速倍率很大，则可能会发生剧烈的颤动，从而引起伺服报警。如果是因为增加了加速倍率指令而导致上述情况的发生，要么减小加速倍率值，要么删除加速倍率指令。

程序举例：

```
J P1 100% FINE
L P2 100MM/SEC FINE ACC80
END
```

机器人以系统参数设置的加速度80%从0速加速到100mm/s。

2）增量指令（INC）。增量指令将运动指令中的位置数据用作当前位置的增量，即增量指令中的位置数据为机器人移动的增量。

例如：

J P1 100% FINE

P1点坐标：（50，50，50，0，0，0）。

J P2 100% FINE

P2点坐标：（100，100，100，0，0，0）。

J P2 100% FINE INC

此时P2点的坐标：（150，150，150，0，0，0）。

2. I/O指令

I/O指令即PLC输入/输出指令，用来设置信号输出状态和读取输入信号。I/O指令分为数字量输入/输出指令和模拟量输入/输出指令。

（1）数字量输入/输出（DI/DO）指令

数字量输入指令（DI）和数字量输出指令（DO）是可以被用户控制的输入/输出信号。可以执行读操作和写操作。为了便于与本机器人系统指令吻合，以下介绍将X等同于DI，Y等同于DO。

1）读操作。

R[i]= X[i，j]。R[i]= X[i，j]指令把数字输入信号（ON=1/OFF=0）赋值给指定的R寄存器。其指令结构如图2-11所示。

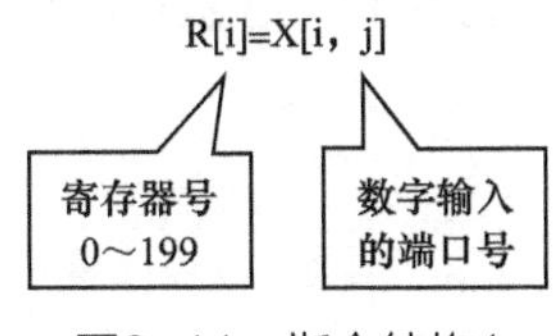

图2-11　指令结构1

示例：

R[1]=X[02.3]

2）写操作。

① Y[i,j]= ON/OFF。Y[i,j]= ON/OFF指令把ON= 1/OFF=0赋值给指定的数字输出信号。指令结构如图2-12所示。

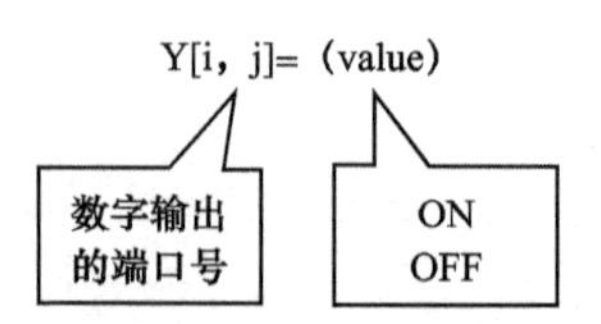

图2-12　指令结构2

Y[i,j]中的i和j表示数字输出端口号；(value)——ON：发出信号；OFF：关闭信号。

示例：

1:Y[01.0]=ON

2:Y[01.1]=OFF

3:END

② Y[i,j]=PLUSE,（value）。Y[i,j]=PLUSE,（value）指令使Y[i,j]的状态取反，并维持一段指定时间value。指令结构如图2-13所示。

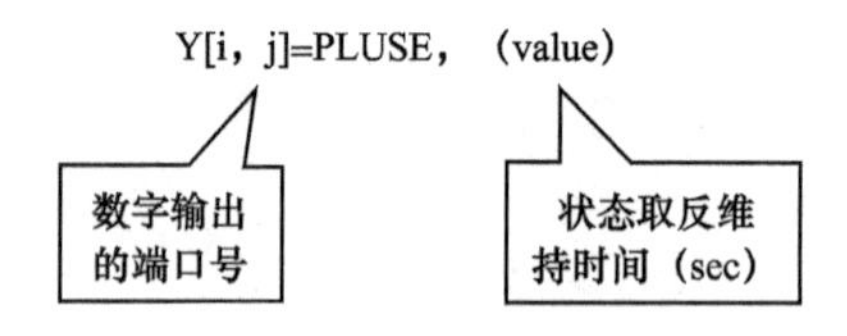

图2-13　指令结构3

Y[i,j]中的i和j表示数字输出端口号；（value）：表示状态取反维持的时间（s）。

示例：

1:Y[02.5]=OFF

2:Y[02.5]= PULSE，2sec

3:END

③ Y[i,j]=R[i]。Y[i,j]=R[i]指令根据指定寄存器R的值，设置指定的数字输出状态。指令结构如图2-14所示。

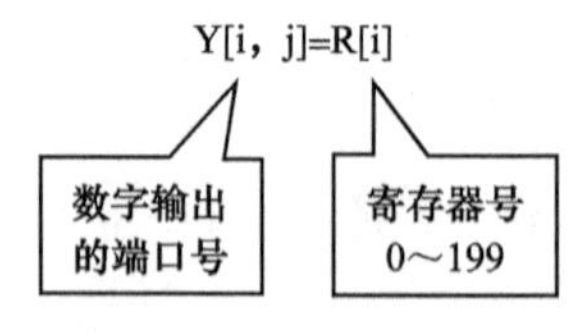

图2-14　指令结构4

示例：

1：R[1]=10

2：Y[0，2]= R[1]

3：END

（2）模拟输入/输出（AI/AO）指令

模拟量输入/输出值为连续值，信号的幅值可以代表温度、电压或其他数据。可以执行读操作和写操作。

1）读操作。

R[i]=AI[i]。R[i]=AI[i]指令将模拟输入信号赋值给指定的R寄存器。

指令结构如图2-15所示。

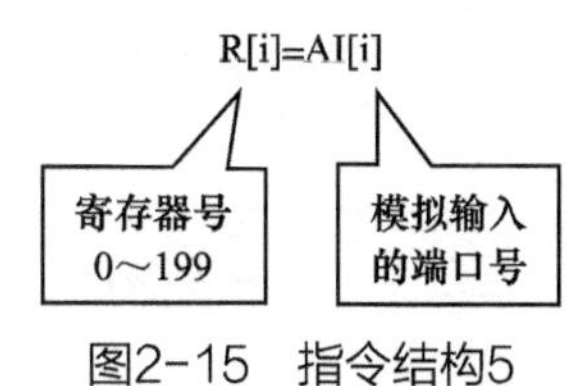

图2-15　指令结构5

示例：

1:R[1]=AI[10]

2:END

2）写操作。

① AO[i]=（value）。AO[i]=（value）指令将数值（value）作为指定的模拟输出信号的值。指令结构如图2-16所示。

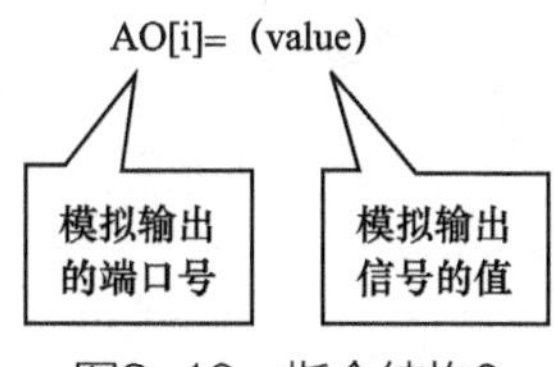

图2-16　指令结构6

示例：

1：AO[10]=20

2：END

② AO[i]=R[i]。AO[i]=R[i]指令根据指定寄存器R的值，设置指定的模拟输出状态。指令结构如图2-17所示。

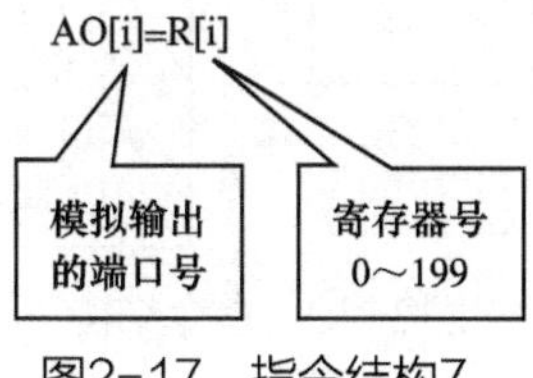

图2-17　指令结构7

示例：

1:AO[10]=R[2]

2:END

3. 等待指令

等待指令用于在一个指定的时间段内或者直到某个条件满足时的时间段内，再执行后续程序。等待指令包括如下两种：指定时间的等待指令，等待一个指定的时间后，再执行后续程序；条件等待指令，等待指定的条件满足后，再执行后续程序。

（1）指定时间的等待指令

指定时间的等待指令，等待一个指定的时间（以秒为单位）后，再执行后续程序。

① 指令格式：

WAIT (value) sec

② 指令结构如图2-18所示。

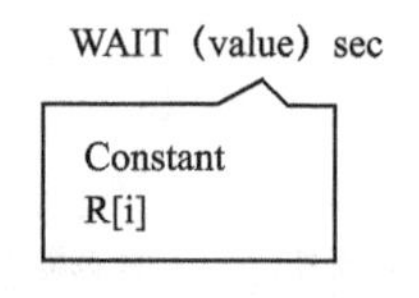

图2-18　指令结构8

③ 指令举例。

1: WAIT 10sec

2: WAIT R[1]sec

（2）条件等待指令

条件等待指令，指定条件满足时执行后续程序，若条件不满足则执行相对应的操作。如果没有指定操作，当指定的条件不满足时程序将无限期等待，直到满足指定的条件为止。如果指定了操作（如TIMEOUT　LBL[i]），当指定的条件不满足且等待超时后，程序将跳转到指定的目标处运行。超时等待时间由系统参数设置。

条件等待指令包括以下两种：

1）寄存器条件等待指令。

① 指令格式：

WAIT R[i] (operator) (value) (processing)

② 指令结构如图2-19所示。

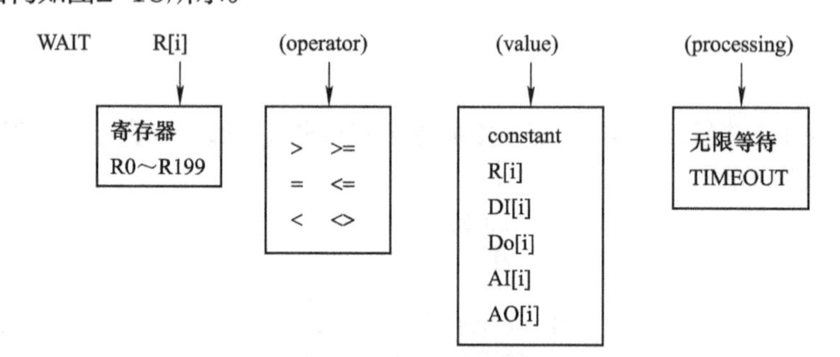

图2-19　指令结构9

③ 指令举例1：

1: R[2]=2

2: WAIT R[2] <1, TIMEOUT LBL[1]

指令举例2：

1: R[2]=2

2: WAIT R[2] <1

2）输入/输出条件等待指令。

输入/输出条件等待指令将输入/输出信号的值与另一个值进行比较，并等待直到满足比较条件为止。

① 数字量数字输入/输出等待比较指令。

a）指令格式:

WAIT (DI/DO) (比较符) (value) (操作)

b）指令结构如图2-20所示。

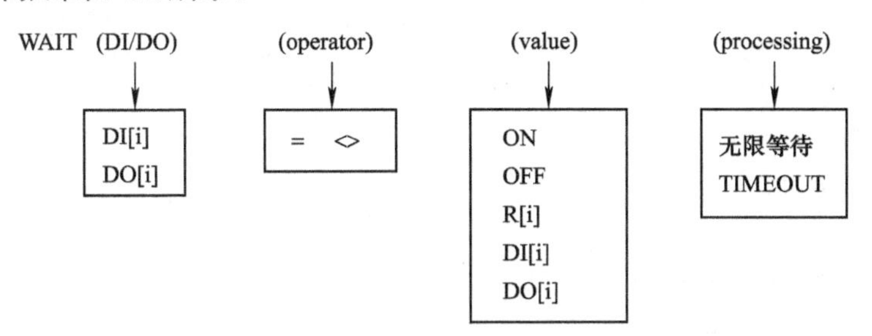

图2-20 指令结构10

c）指令举例。

1: WAIT X[02.5]=ON, TIMEOUT LBL[1]

② 模拟量数字输入/输出等待比较指令。

a）指令格式:

WAIT (AI/AO) (比较符) (value) (操作)

b）指令结构如图2-21所示。

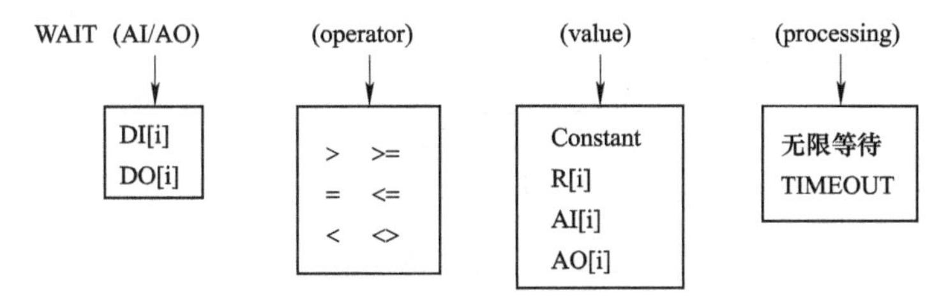

图2-21 指令结构11

c）指令举例。

1: WAIT AI[2] <> 1, TIMEOUT

LBL[1]

2: WAIT AO[10] >= R[3]

4. 流程控制指令

流程控制指令用来控制程序的执行顺序，控制程序从当前行跳转到指定行去执行，流程控制指令包括以下几种指令。

（1）标签指令

标签指令用于指定程序执行分支跳转的目标，不能单独使用。

注意

不能把标签序号指定为间接寻址（如LBL[R[1]]）。

① 指令格式:

LBL[i]

② 指令结构如图2-22所示。

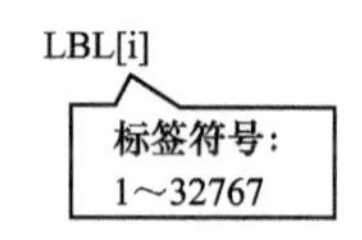

图2-22　指令结构12

③ 指令举例。

```
1: J P1 80% FINE
2: LBL[1]
3: C P2 P3 100mm/sec FINE
4: L P4 200mm/sec FINE
5: L P5 200mm/sec FINE
6: WAIT X[01.0]=ON TIMEOUT
END
```

(2) 无条件跳转指令

无条件跳转指令是指在同一个程序中，无条件地从程序的一行跳转到另一行去执行，即将程序控制转移到指定的标签。

① 指令格式:

JMP LBL[i]

② 指令结构如图2-23所示。

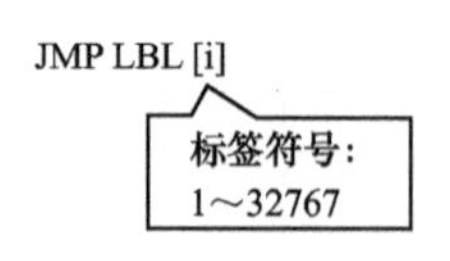

图2-23　指令结构13

③ 指令举例。

```
1:J P1 20% FINE
2:JMP LBL[1]
3:C P2 P3 80mm/sec FINE
4:L P4 100mm/sec FINE
5:L P5 100mm/sec FINE
6:LBL[1]
7:C P6 P1 100mm/sec FINE
END
```

以上例子，当机器人运动到P1点后，直接无条件跳转到便签1（第6行），然后执行第7行，画圆弧指令。

(3) 程序调用指令

程序调用指令将程序控制转移到另一个程序的第一行，并执行子程序。当被调用程序执行到程序结束指令（END）时，控制会迅速返回到调用程序中的程序调用指令的下一条指令，继续向后执行。需要选择程序名或直接新建一个程序。

① 指令格式：

CALL（程序名）

② 指令结构如图2-24所示。

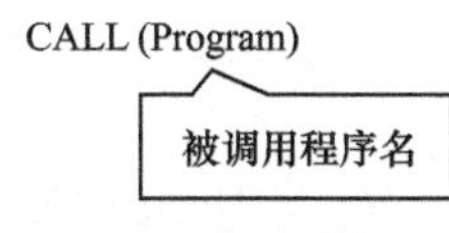

图2-24　指令结构14

③ 指令举例。

程序1：SZGTA

1：J P1 80% FINE
2：C P2 P3 100mm/sec FINE
3：L P4 100mm/sec FINE
4：L P5 120mm/sec FINE
5：CALL CDCJ
6：C P6 P1 200mm/sec FINE
END

程序2：CDCJ

1：J P1 100% CNT50
2：C P2 P3 100mm/sec FINE
3：Y[0. 1, 1]=ON
4：END

以上例子，当程序1运行到CALL指令时，直接跳转到“CDCJ”程序，并从第一条指令一直运行到END指令，接着跳转回程序1，执行第6行圆弧指令。

（4）程序结束指令

程序结束指令标志着一个程序的结束。通过这个指令终止程序的执行。如果该程序是被其他的主程序调用，则控制该子程序返回到主程序中。程序结束指令在新建程序时，系统已自动添加到程序文件的末尾，无须用户自己添加。

指令格式：

END

5. 寄存器指令

本机器人系统寄存器指令有寄存器R指令、位置寄存器（PR）指令、位置寄存器轴指令（P）。

（1）寄存器R指令

寄存器R指令在寄存器上完成算术运算。寄存器是一个存储数据的变量，本机器人系统提供了200个R寄存器。

1）指令格式。

① R[i]=(value)。R[i]=(value)指令把数值(value)赋值给指定的R寄存器。其中，i的范围是0～199。（value）可以取常数（constant）、寄存器（R）、位置寄存器中的某个轴PR[i, j]、数字量输入/输出（DI[i]/DO[i]）、模拟量输入/输出（AI[i]/AO[i]）。

示例：

R[1] = 10
R[2] = AI[1]

② R[i]=(value)+(value)。R[i]=(value)+(value)指令把两个数值的和赋值给指定的R寄存器。

③ R[i]=(value)-(value)。R[i]=(value)- (value)指令把两个数值的差赋值给指定的

R寄存器。

④ R[i]=(value)*(value)。R[i]=(value)* (value)指令把两个数值的乘积赋值给指定的R寄存器。

⑤ R[i]=(value)/(value)。R[i]=(value)/ (value)指令把两个数值的商赋值给指定的R寄存器。

⑥ R[i]=(value) MOD (value)。R[i]=(value) MOD (value)指令把两个数值的商的余数（小数部分）赋值给指定的R寄存器。

⑦ R[i]=(value) DIV (value)。R[i]=(value) DIV (value)指令把两个数值的商（整数部分）赋值给指定的R寄存器。

（2）位置寄存器（PR）指令

位置寄存器是一个存储位置数据（X、Y、Z、A、B、C）的变量，本机器人系统提供100个位置寄存器。位置寄存器指令在位置寄存器上完成算术操作。位置寄存器指令可以把位置数据、两个数值的和、差赋值给指定的位置寄存器。

指令格式有以下几种:

① PR[i]=(value)。PR[i]=(value)指令把数值(value)赋值给指定的位置寄存器。其中，i的范围是0～99，（value）可以取位置寄存器（PR）、位置变量（P）、直角坐标系中的当前位置（Lpos)、关节坐标系中的当前位置（Jpos）、用户坐标系（UFRAME[i]）、工具坐标系（UTOOL[i]）。

示例:

```
1: PR[1] = Lpos
2: PR[R[4]] = UFRAME[2]
3: PR[9] = UTOOL[1]
```

② PR[i]=(value)+(value)。PR[i]=(value)+ (value) 指令把两个数值的和赋值给指定的位置寄存器。

③ PR[i]=(value)-(value)。PR[i]=(value)- (value) 指令把两个数值的差赋值给指定的位置寄存器。

（3）位置寄存器轴指令（P）

位置寄存器轴指令在位置寄存器上完成计算操作。PR[i,j]中的元素i代表位置寄存器的序号，j代表位置寄存器元素序号。位置寄存器轴指令可以将位置数据元素的值或两个数据的和、差、商、余数等赋值给指定的位置寄存器元素。PR[i,j]类型如图2-25

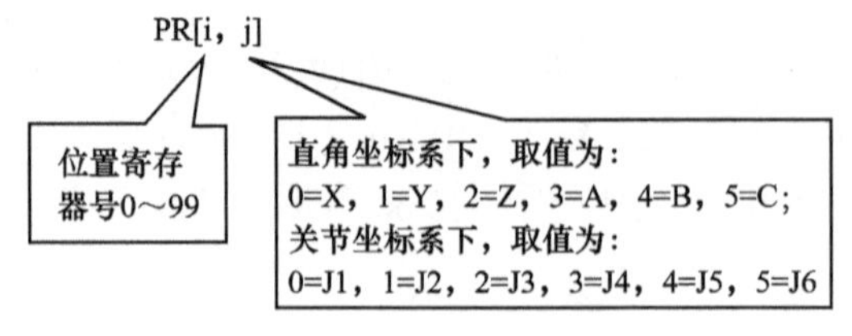

图2-25　PR[i，j]类型

指令格式:

① PR[i,j]=(value)。PR[i,j]=(value)指令把数值(value)赋值给指定的位置寄存器元素。其中，i的范围是0～99，（value）可以取常数（constant）、寄存器（R）、位置

寄存器中的某个轴（PR [i, j] ）、位置变量中的某个轴（P [i, j] ）、数字量输入/输出(DI [i] / DO [i])、模拟量输入/输出(AI [i] /AO [i])。

② PR [i, j] = (value) + (value)。PR [i, j] = (value) + (value) 指令把两个数值的和赋值给指定的位置寄存器元素。

③ PR [i, j] = (value) − (value)。PR [i, j] = (value) − (value) 指令把两个数值的差赋值给指定的位置寄存器元素。

④ PR [i, j] = (value) * (value)。PR [i, j] = (value) * (value) 指令把两个数值的乘积赋值给指定的位置寄存器元素。

⑤ PR [i, j] = (value) / (value)。PR [i, j] = (value) / (value) 指令把两个数值的商赋值给指定的R寄存器位置寄存器元素。

⑥ PR [i, j] = (value) MOD (value)。PR [i, j] = (value) MOD (value) 指令把两个数值的商的余数赋值给指定的位置寄存器元素。

⑦ PR [i, j] = (value) DIV (value)。PR [i, j] = (value) DIV (value) 指令把两个数值的商的整数赋值给指定的位置寄存器元素。

6. 条件指令

条件指令指的是当条件满足时，执行相对应的操作。条件比较指令包括寄存器条件比较指令和输入/输出条件比较指令。

条件指令格式如图2-26所示。

对于寄存器（R）、模拟量输入/输出比较指令，可使用全部的比较符：>、>=、=、<=、<、<>；但对于数字量输入/输出比较时，只能使用=（等于）和<>（不等于）两种比较符。

（1）输入/输出条件比较指令

输入/输出条件比较指令，将输入/输出信号的值与另一个值比较，当满足比较条件时，执行指定的操作。同样分数字量输入/输出条件比较指令和模拟量输入/输出条件比较指令。

1）数字输入/输出条件比较指令。

① 指令格式：

IF (DI/DO) (运算符) (value) (操作)

② 指令结构如图2-27所示。

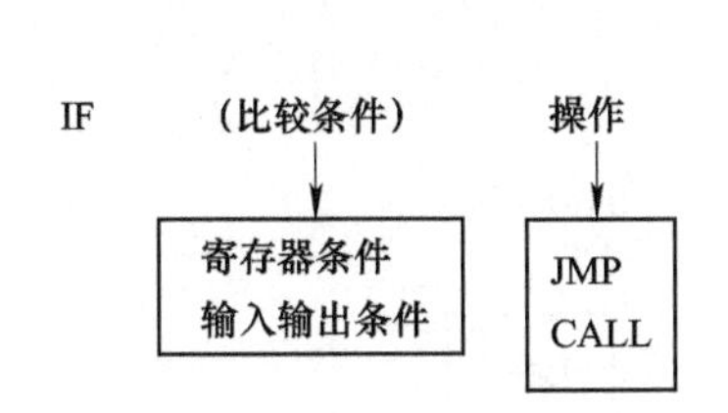

图2-26　条件指令格式

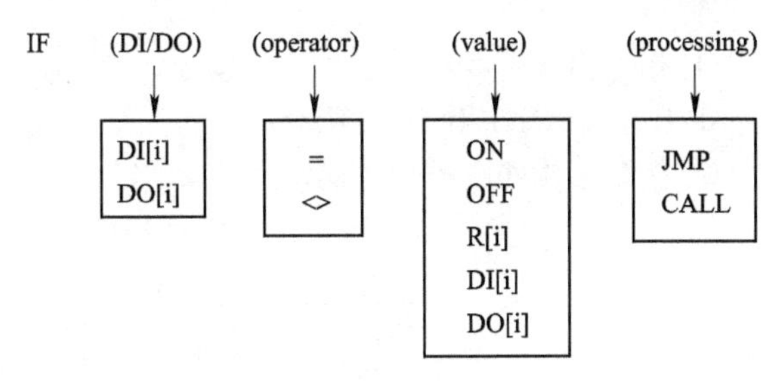

图2-27　指令结构15

③ 指令举例。

```
1: IF X[2.3]= OFF, JMP LBL[1]
2: IF Y[1.0]= ON, JMP LBL[2]
3: LBL[1]
```

```
4: C P1 P2 100mm/sec FINE
5: LBL[2]
6: C P3 P4 100mm/sec FINE
7: END
```

以上例子，程序开始就进行判断，当数字输入信号X[2.3]等于OFF时（无信号输入），机器人运行由P1点和P2点组成的圆弧，当数字输出信号Y[1.0]等于ON时（有信号输出），机器人运行由P3点和P4点组成的圆弧。

2）模拟输入/输出条件比较指令。

① 指令格式:

IF (AI/AO) (运算符) (value) (操作)

② 指令结构如图2-28所示。

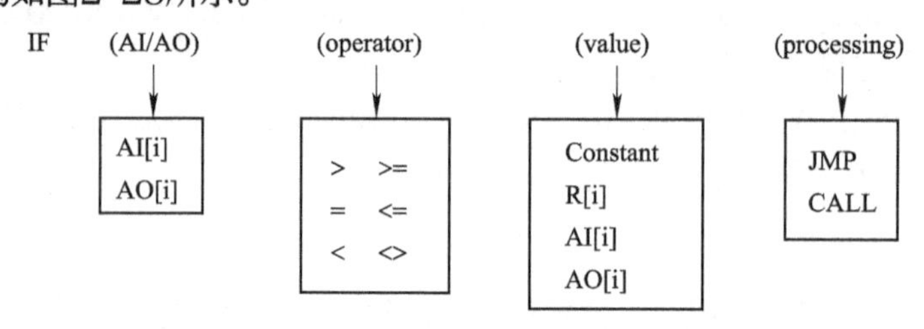

图2-28　指令结构16

③ 指令举例。

```
1: IF AO[2] >= 3000, JMP LBL[2]
2: IF AI[1] <> R[2], CALL subprog 2
3: LBL[2]
4: L P1 120mm/sec FINE
5: END
```

以上例子，程序开始就进行判断，当模拟输出信号AO[2]大于等于3000时，机器人运行到P1点，当模拟输入信号AI[1]不等于R[2]的值时，调用程序subprog 2。

（2）寄存器条件比较指令

寄存器条件比较指令将存储在寄存器中的值与另一个值比较。当比较条件满足时执行指定的操作。

① 指令格式:

IF R[i] (运算符) (value) (操作)

② 指令结构如图2-29所示。

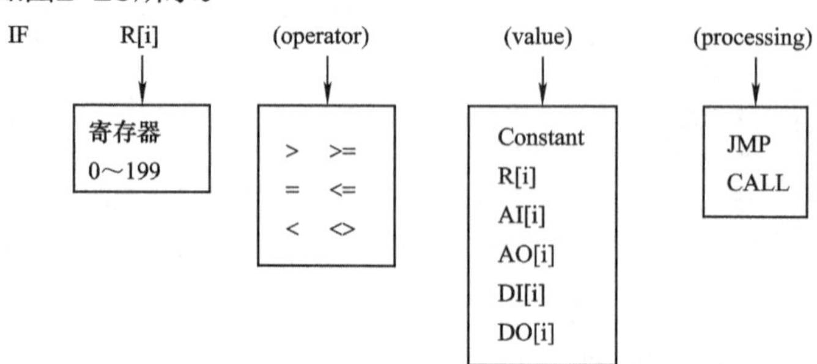

图2-29　指令结构17

③ 指令举例。

```
1: IF R[1] = R[2], JMP LBL[1]
2: IF R[3] >= 123, JMP LBL[2]
3: LBL[1]
4: L P1 100mm/sec FINE
5: LBL[2]
6: L P2 100mm/sec FINE
END
```

以上例子，程序开始就进行判断，当R[1]的值等于R[2]的值时，机器人运行到P1点，当R[3]的值大于等于123时，机器人运行到P2点。

（3）复合条件的使用

在比较条件中，可以使用逻辑与（AND）和逻辑或（OR）来指定复合条件。这样就简化了程序的结构，使得条件的比较更加高效。

1）逻辑与(AND)。

```
IF <条件1> and <条件2> and <条件3>, JMP LBL [3]
```

2）逻辑或(OR)。

```
IF <条件1> or <条件2>, JMP LBL [3]
```

但如果逻辑与（AND）和逻辑或（OR）同时出现在一个指令中，那么逻辑就会变复杂，从而削弱了程序的可读性和可编辑性。因此，禁止在一个条件指令中同时使用AND和OR。每行中最多允许使用5个“AND”（或者“OR”）逻辑运算符。

示例：

```
1: IF R[1]>234 AND DO[12]<>OFF AND AI[3]>=R[3], JMP LBL[1]
2: IF DO[2]<>OFF OR AO[R[3]]>=R[4], CALL CDCJ 1
3: END
```

任务1　加 载 程 序

任务描述

本任务通过操作机器人内部现有程序，学习对程序进行加载和启动运行的操作方法。

任务目标

1）掌握机器人程序加载的操作方法。

2）掌握机器人程序启动运行的操作方法。

任务准备

1）HSR-JR612机器人1台，并接通电源。

2）机器人安装座1个。

3）安全围栏（示现场情况而定）。

4）在执行程序启动和调试时需佩戴安全帽。

操作步骤

一、程序加载

在示教编辑完成一个程序且经过手动运行检验程序正确无误后，即可使用自动模式运行程序，在自动运行程序前，需对程序进行加载。如果对一个选定程序进行了编辑，则在编辑完成后必须进行保存才能进行加载。在程序加载后不能对程序进行更改，如果需要更改程序内容，则要先取消程序加载。

程序加载详细操作步骤见表2-1。

表2-1　程序加载操作步骤

序　号	步　骤	描　述	图　示
1	选择自动画面	1）单击菜单键 2）选择“自动”	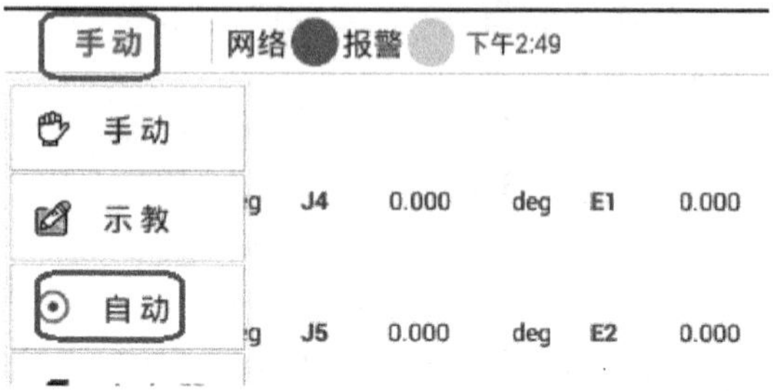
2	程序加载	单击软件左下角的“加载程序”按钮	
3	选择程序	选择需要加载的程序，如xjsbcs	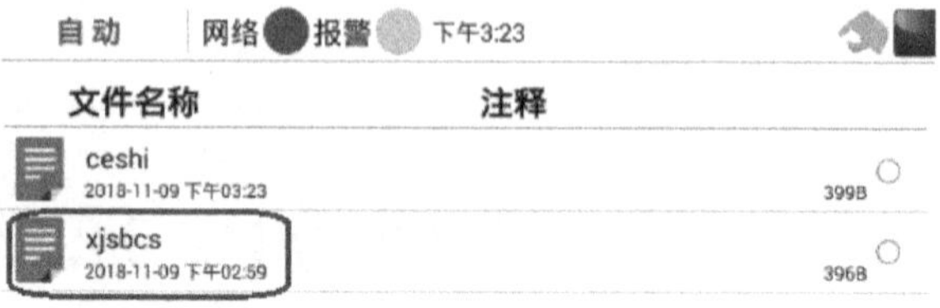
4	确定选择	单击“确认”按钮	
5	程序加载完成	确认程序名为xjsbcs，加载成功	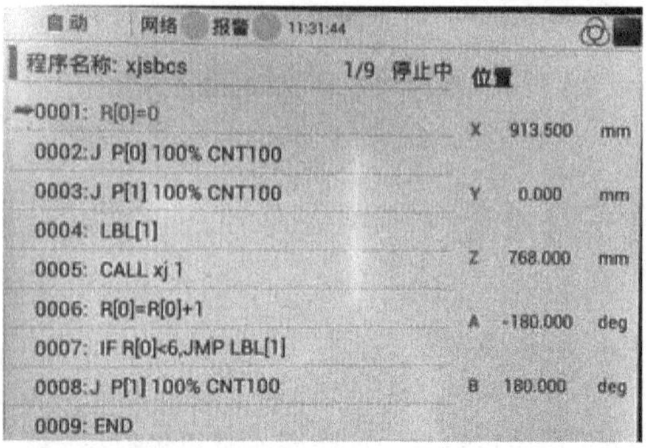

二、程序启动与调试

在程序经过手动运行检验，正确无误且加载完成后，即可进入自动运行。程序自动运行速度会比手动调试时快，故建议先在低倍率速度下运行程序，然后再逐步提高机器人的运行倍率。程序可以单步运行、连续运行，运行周期可以单周运行和循环运行。在初次调试新写好的程序时，可以先低速单步运行，确认无误后再连续运行。

程序启动详细操作步骤见表2-2。

注意

进行以下步骤操作，操作人员需佩戴安全帽。

表2-2　程序启动操作步骤

序　　号	步　　骤	描　　述	图　　示
1	加载程序	按照上述操作步骤，加载程序，如xjsbcs	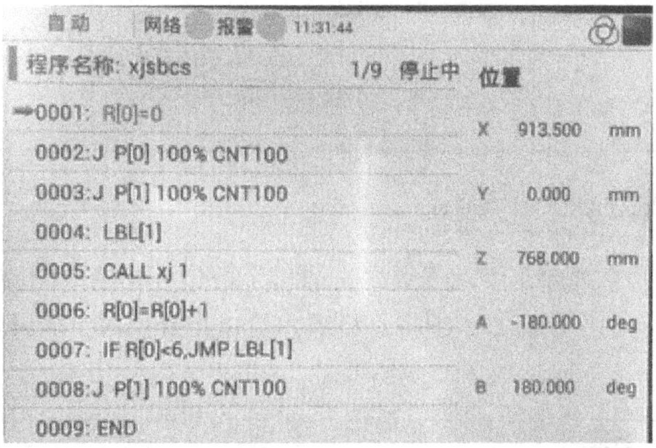
2	单步模式	单击“单步模式”按钮	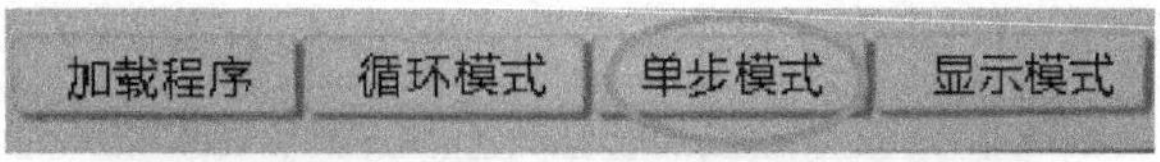
3	单步运行	单击“示教器运行”按钮，每单击一次，程序运行一步	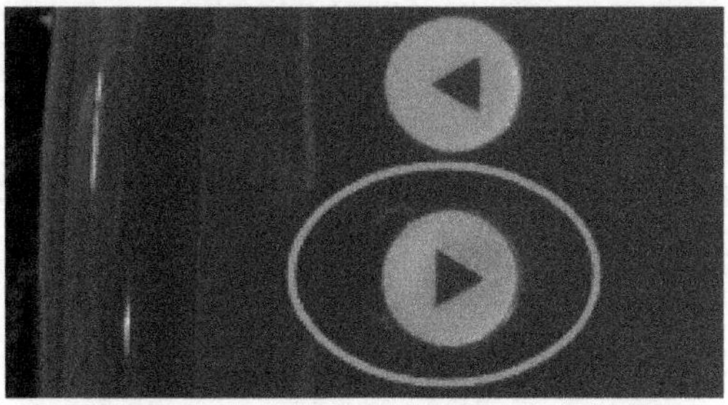
4	连续单周模式	单击“单周模式”和“连续模式”按钮	

（续）

序号	步骤	描述	图示
5	连续单周运行	单击“示教器运行”按钮，机器人开始连续运行一个周期，到程序END后停止	
6	连续循环模式	单击“循环模式”和“连续模式”按钮	
7	连续循环运行	单击“示教器运行”按钮，机器人开始连续循环运行	
8	程序暂停与停止	单击“暂停”按钮，程序暂停，单击“停止”按钮，程序停止	

任务评价

完成本学习任务后，请对学习过程和结果的质量进行评价和总结，并填写表2-3。自我评价由学习者本人填写，小组评价由组长填写，教师评价由任课教师填写。

表2-3　评价反馈表

班级		姓名		学号		日期	
学习任务名称：				在相应框内打√			
自我评价	序号	评价标准		评价结果			
	1	能按时上、下课		□是	□否		
	2	着装规范		□是	□否		
	3	能独立完成任务书的填写		□是	□否		
	4	能利用网络资源、数据手册等查找有效信息		□是	□否		
	5	能了解工业机器人常用指令的含义		□是	□否		
	6	能了解工业机器人运动的三种类型		□是	□否		
	7	熟悉工业机器人常用指令的使用方法		□是	□否		
	8	熟悉位置寄存器的含义		□是	□否		
	9	能独立完成机器人程序加载		□是	□否		
	10	能独立完成机器人程序启动		□是	□否		
	11	能独立完成机器人程序调试		□是	□否		
	12	学习效果自评等级		□优	□良	□中	□差
	13	经过本任务学习得到提高的技能有：					

（续）

	序　号	评 价 标 准	评 价 结 果
小组评价	1	在小组讨论中能积极发言	□优　□良　□中　□差
	2	能积极配合小组成员完成工作任务	□优　□良　□中　□差
	3	在任务中的角色表现	□优　□良　□中　□差
	4	能较好地与小组成员沟通	□优　□良　□中　□差
	5	安全意识与规范意识	□优　□良　□中　□差
	6	遵守课堂纪律	□优　□良　□中　□差
	7	积极参与汇报展示	□优　□良　□中　□差
	8	组长评语： 签名： 年　月　日	
教师评价	1	参与度	□优　□良　□中　□差
	2	责任感	□优　□良　□中　□差
	3	职业道德	□优　□良　□中　□差
	4	沟通能力	□优　□良　□中　□差
	5	团结协作能力	□优　□良　□中　□差
	6	理论知识掌握	□优　□良　□中　□差
	7	完成任务情况	□优　□良　□中　□差
	8	填写任务书情况	□优　□良　□中　□差
	9	教师评语： 签名： 年　月　日	

课后练习题

1）程序的基本信息包括：__________、程序注释、子类型、组标志、_______、写保护和_________。

2）机器人运动的类型有3种，分别是__________、_________、__________。

3）在指令J P[1] 100% FINE中，FINE的含义是______________________。

4）指令WAIT 1sec的含义是______________________________。

5）使用运动指令时需要指定的几项内容包括_________、___________、__________、__________、___________。

6）用于保存位置数据的变量叫_______，用于存放位置数据的寄存器叫_______。

7）在示教器操作软件里任意选择一个程序进行加载操作，把速度调到_______以下，确认_______后启动程序。

任务2　编 辑 程 序

任务描述

本任务通过建立新程序，讲解对程序内容进行编写及修改的操作方法。

任务目标

1）掌握机器人程序的编写方法。

2）掌握机器人程序的修改方法。

任务准备

1）HSR-JR612机器人1台，并接通电源。

2）机器人安装座1个。

3）安全围栏（视现场情况而定）。

操作步骤

一、新建程序

新建程序后需给程序命名，程序命名只能采用字母、数字、下画线的形式。

新建程序详细操作步骤见表2-4。

表2-4　新建程序操作步骤

序　号	步　骤	描　述	图　示
1	选择示教画面	1）单击“菜单”按钮 2）选择“示教”选项	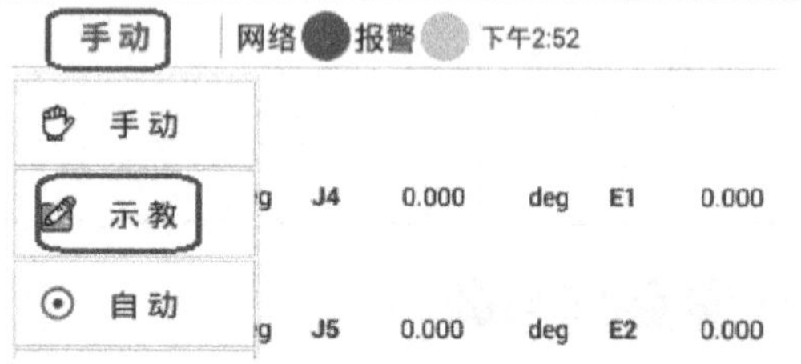 手动　网络　报警　下午2:52 手动 示教　g　J4　0.000　deg　E1　0.000 自动　g　J5　0.000　deg　E2　0.000
2	新建程序	单击“新建程序”按钮	 新建程序　打开程序　程序检查　保存　另存为　详情
3	程序命名	程序命名，如maduo，再单击“确认”按钮	 新建程序 程序名: maduo 取消　确认
4	完成	确认程序名称为maduo，程序新建完成	 示教　网络　报警　下午2:54 程序名称：maduo 1: END

二、行内编辑

行内编辑就是对程序行内语句参数进行编辑，如更改运动方式，由关节运动J改为直线运动L。这里以编辑程序某行内运动指令目标点位置为例，详述行内编辑的操作步骤，行内其他参数的编辑方法类似。

行内编辑详细操作步骤见表2-5。

表2-5　行内编辑操作步骤

序　号	步　骤	描　述	图　示
1	选择示教画面	1）单击“菜单”按钮 2）选择“示教”选项	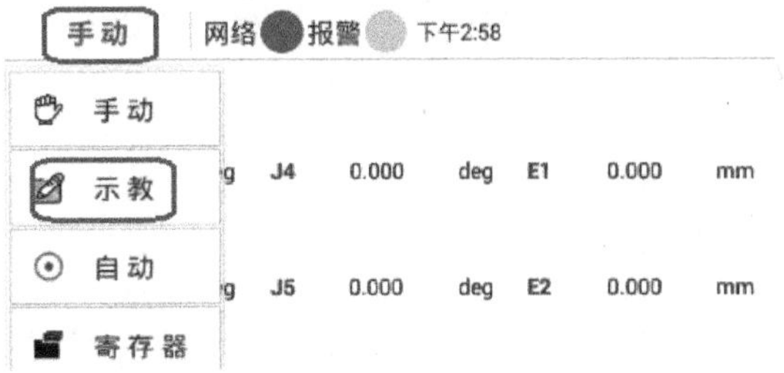 手动　网络　报警　下午2:58 手动 示教　J4 0.000 deg E1 0.000 mm 自动　J5 0.000 deg E2 0.000 mm 寄存器
2	打开程序	打开程序	 新建程序　打开程序　程序检查　保存　另存为　详情
3	选择程序	随便选择一个程序打开，如xjsbcs	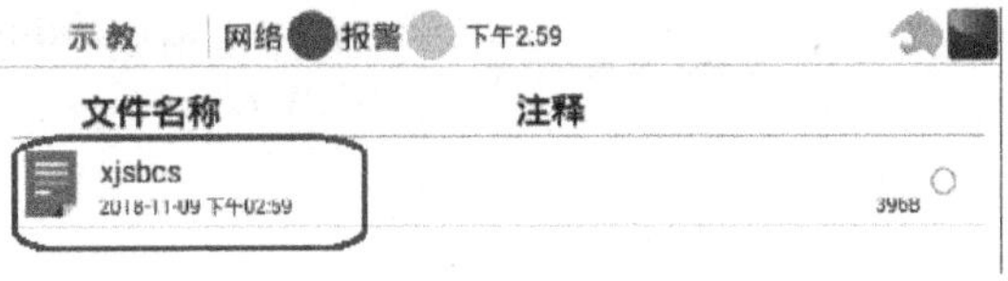 示教　网络　报警　下午2:59 文件名称　注释 xjsbcs 2018-11-09 下午02:59　396B
4	确认程序	单击“确认”按钮	 取消　确认
5	程序打开完成	确认程序名称是否正确	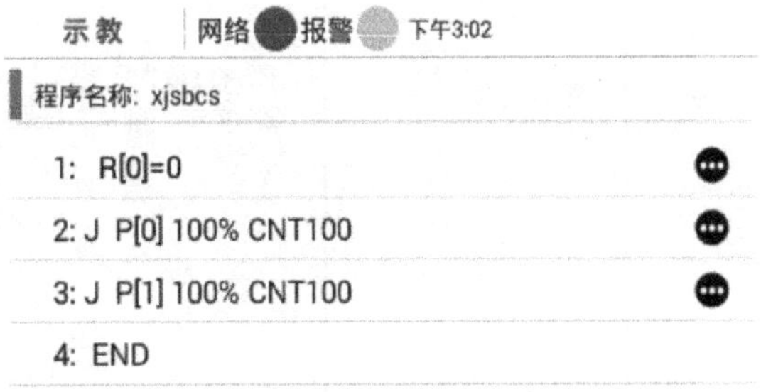 示教　网络　报警　下午3:02 程序名称：xjsbcs 1: R[0]=0 2: J P[0] 100% CNT100 3: J P[1] 100% CNT100 4: END
6	单击行内编辑菜单	单击程序第3步右边的圆圈（中间三个白点）	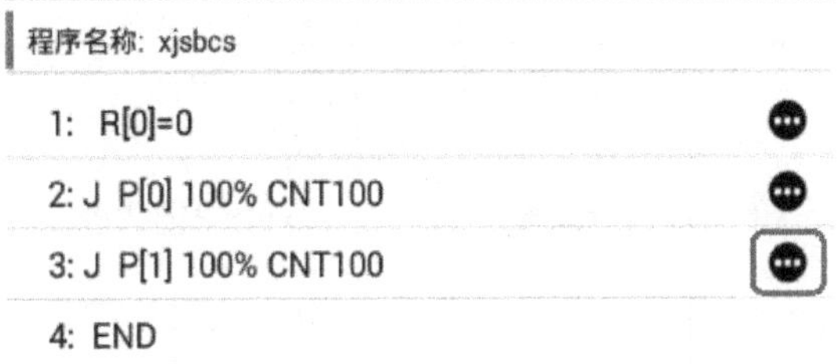 程序名称：xjsbcs 1: R[0]=0 2: J P[0] 100% CNT100 3: J P[1] 100% CNT100 4: END

（续）

序号	步骤	描述	图示
7	单击编辑本行	在弹出的对话框中选择“编辑本行”选项	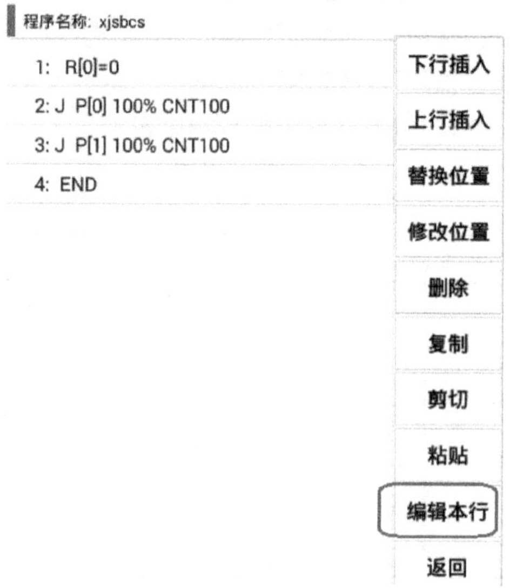 程序名称：xjsbcs 1: R[0]=0 2: J P[0] 100% CNT100 3: J P[1] 100% CNT100 4: END 下行插入 上行插入 替换位置 修改位置 删除 复制 剪切 粘贴 编辑本行 返回
8	选择要编辑的内容	选择需要编辑的内容，如将P1改为P2	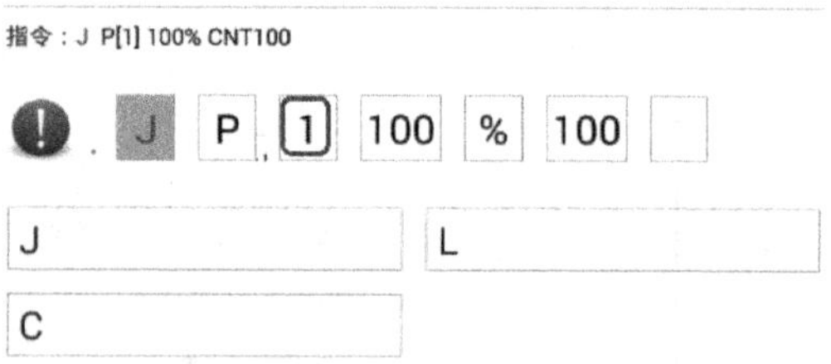 指令：J P[1] 100% CNT100 J P 1 100 % 100 J L C
9	编辑内容	1）将1改为2 2）单击“确认”按钮	 示教 网络 报警 下午3:05 指令：J P[2] 100% CNT100 J P 2 100 % 100 请输入0~99999之间的整数 确认 取消 确认
10	编辑完成	成功将P1改为P2	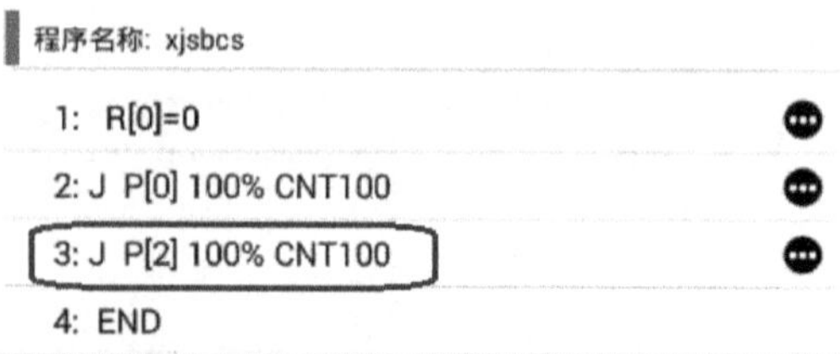 程序名称：xjsbcs 1: R[0]=0 2: J P[0] 100% CNT100 3: J P[2] 100% CNT100 4: END

三、行编辑

行编辑就是对程序内行与行之间的语句进行编辑，如程序语句复制、粘贴、增加等。这里以程序语句插入、复制、粘贴为例，详述行编辑的操作步骤，行其他编辑的方法类似。

行编辑详细操作步骤见表2-6。

表2-6　行编辑操作步骤

序　号	步　骤	描　述	图　示
1	1）选择示教画面 2）打开程序 3）选择程序 4）确认程序 5）程序打开完成	这5步的操作步骤参考表2-5行内编辑操作步骤	
2	单击“行编辑”按钮	单击程序第1步右边的圆圈（中间三个白点）	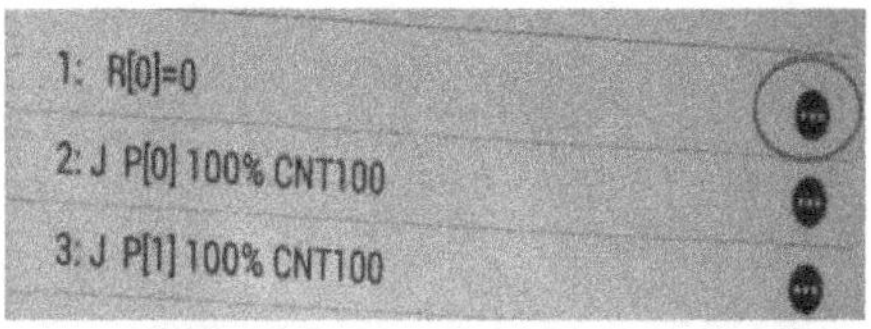 1: R[0]=0 2: J P[0] 100% CNT100 3: J P[1] 100% CNT100
3	单击“下行插入”按钮	在弹出的对话框中单击“下行插入”按钮	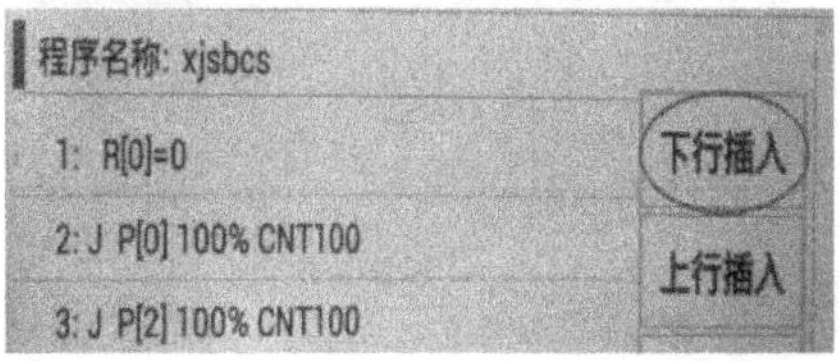 程序名称: xjsbcs 1: R[0]=0 2: J P[0] 100% CNT100 3: J P[2] 100% CNT100 下行插入 上行插入
4	单击“运动指令”按钮	在弹出的对话框中单击“运动指令”按钮	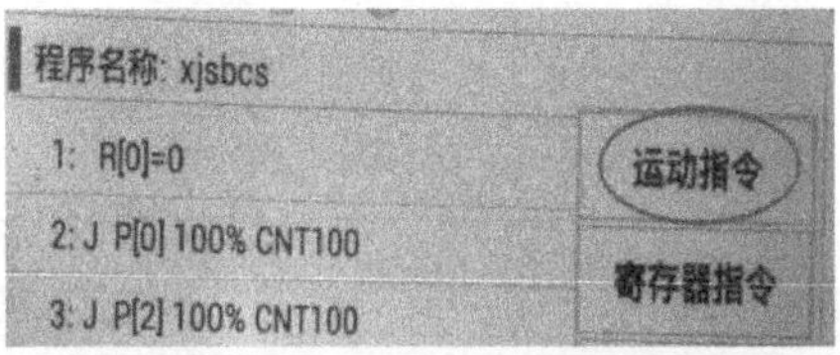 程序名称: xjsbcs 1: R[0]=0 2: J P[0] 100% CNT100 3: J P[2] 100% CNT100 运动指令 寄存器指令
5	单击“运动指令”按钮	选择关节运动指令J，其他不变，单击“确认”按钮	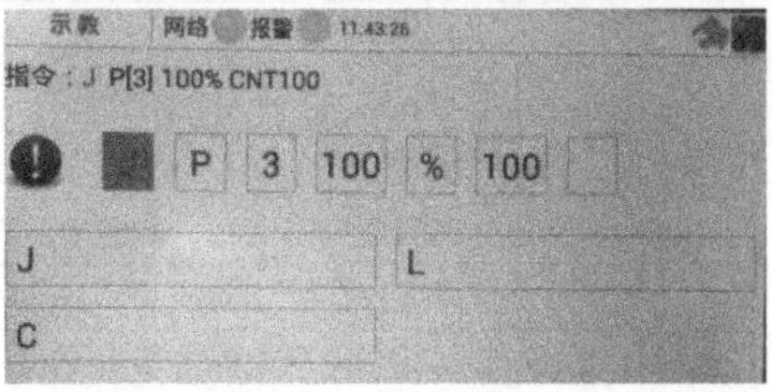 示教 网络 报警 11:43:26 指令：J P[3] 100% CNT100 P 3 100 % 100 J L C
6	指令语句插入完成	指令语句插入到R[0]=0语句下面	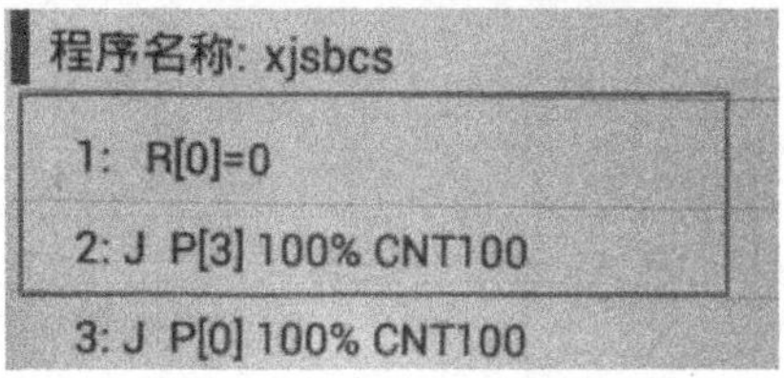 程序名称: xjsbcs 1: R[0]=0 2: J P[3] 100% CNT100 3: J P[0] 100% CNT100

（续）

序　号	步　骤	描　述	图　示
7	复制程序语句	1）单击第2条语句的编辑菜单 2）单击“复制”按钮	程序名称: xjsbcs 1: R[0]=0 2: J P[3] 100% CNT100 3: J P[0] 100% CNT100 4: J P[2] 100% CNT100 5: LBL[1] 6: CALL xj 1 7: R[0]=R[0]+1 8: IF R[0]<6,JMP LBL[1] 9: J P[1] 100% CNT100 下行插入 上行插入 替换位置 修改位置 删除 复制
8	选择要粘贴的地方	1）单击第5条语句的编辑菜单 2）单击“粘贴”按钮	5: LBL[1] 6: CALL xj 1 7: R[0]=R[0]+1 8: IF R[0]<6,JMP LBL[1] 9: J P[1] 100% CNT100 10: END 修改位置 删除 复制 剪切 粘贴
9	复制完成	J P[3] 100% CNT100语句成功复制到第5条语句下面	1: R[0]=0 2: J P[3] 100% CNT100 3: J P[0] 100% CNT100 4: J P[2] 100% CNT100 5: LBL[1] 6: J P[3] 100% CNT100

任务评价

完成本学习任务后，请对学习过程和结果的质量进行评价和总结，并填写表2-7。自我评价由学习者本人填写，小组评价由组长填写，教师评价由任课教师填写。

表2-7　评价反馈表

班级		姓名		学号		日期	
学习任务名称:				在相应框内打√			
自我评价	序　号	评 价 标 准		评 价 结 果			
	1	能按时上、下课		□是　□否			
	2	着装规范		□是　□否			
	3	能独立完成任务书的填写		□是　□否			
	4	能利用网络资源、数据手册等查找有效信息		□是　□否			
	5	掌握程序建立的方法		□是　□否			
	6	掌握程序语句行内编辑方法		□是　□否			
	7	掌握程序语句行与行之间复制的方法		□是　□否			
	8	掌握程序语句行与行之间粘贴的方法		□是　□否			
	9	能将程序语句点位置P[1]改为P[2]		□是　□否			
	10	熟悉程序语句编辑菜单调出		□是　□否			
	11	学习效果自评等级		□优　□良　□中　□差			
	12	经过本任务学习得到提高的技能有:					

（续）

	序　号	评 价 标 准	评 价 结 果
小组评价	1	在小组讨论中能积极发言	□优　□良　□中　□差
	2	能积极配合小组成员完成工作任务	□优　□良　□中　□差
	3	在任务中的角色表现	□优　□良　□中　□差
	4	能较好地与小组成员沟通	□优　□良　□中　□差
	5	安全意识与规范意识	□优　□良　□中　□差
	6	遵守课堂纪律	□优　□良　□中　□差
	7	积极参与汇报展示	□优　□良　□中　□差
	8	组长评语： 签名： 年　月　日	
教师评价	1	参与度	□优　□良　□中　□差
	2	责任感	□优　□良　□中　□差
	3	职业道德	□优　□良　□中　□差
	4	沟通能力	□优　□良　□中　□差
	5	团结协作能力	□优　□良　□中　□差
	6	理论知识掌握	□优　□良　□中　□差
	7	完成任务情况	□优　□良　□中　□差
	8	填写任务书情况	□优　□良　□中　□差
	9	教师评语： 签名： 年　月　日	

课后练习题

1）程序命名只能采用__________、__________、__________的形式。

2）新建程序TEXT10，输入以下语句：

```
1:R[0]=0
2:J P[1]  100% CNT100
3:J P[0]  100% CNT100
4:J P[2]  100% CNT100
```

执行以下动作：

① 把第2行和第3行顺序调换。

② 把第4行改为直线运动。

任务3 示 教 程 序

任务描述

本任务通过建立新程序，在程序中插入相关指令语句及机器人位置目标点，然后通过移动机器人，示教目标点的实际位置。

任务目标

1）掌握机器人程序语句插入方法。

2）掌握机器人点位示教方法。

任务准备

1）HSR-JR612机器人1台，并接通电源。

2）机器人安装座1个。

3）安全围栏（视现场情况而定）。

4）操作人员佩戴安全帽。

操作步骤

示教程序指的是对即将运行的项目进行机器人程序编写、点位示教，以便机器人能按预设要求运行。示教程序的操作步骤事先把程序编写好，再示教程序里面涉及的机器人点位。

示教程序详细操作步骤见表2-8。

注意

进行以下步骤操作，操作人员须佩戴安全帽。

表2-8 示教程序操作步骤

序号	步骤	描述	图示
1	1）选择示教画面 2）新建程序 3）程序命名 4）程序建立完成	这4步的操作步骤参考表2-4新建程序操作步骤	
2	插入第2条程序语句	1）单击END语句空白处 2）单击“运动指令”按钮	示教 网络 报警 下午3:12 程序名称: ceshi 1: END 运动指令 寄存器指令 I/O指令
3	编辑语句参数	1）选择关节运动J 2）P[0]代表点位，采用默认值0 3）100%为运行速度，采用默认值100 4）100为目标点圆弧过渡误差，采用默认值100	指令：J P[0] 100% CNT100 J P 0 100 % 100 J L C

（续）

序　号	步　骤	描　述	图　示
4	插入完成	J P[0] 100% CNT100程序语句输入完成	
5	插入第3条程序语句	按步骤6～步骤8操作	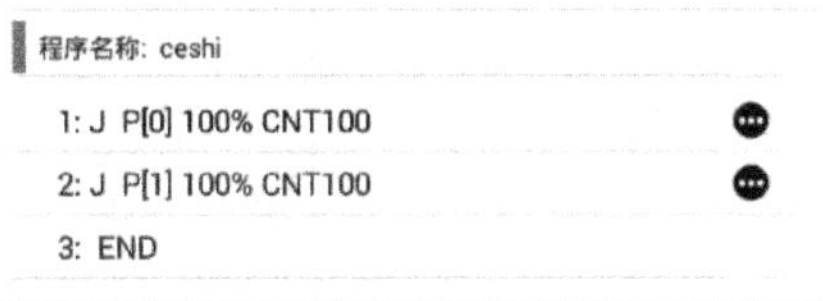
6	插入I/O指令	1）单击END语句空白处 2）单击“I/O指令”按钮	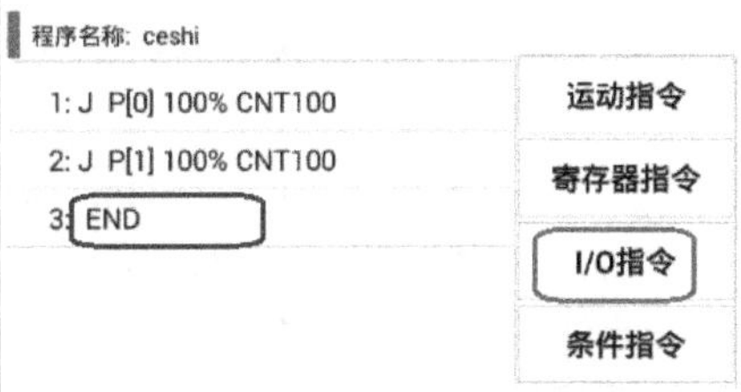
7	选择I/O指令类型	选择数字输出指令Y	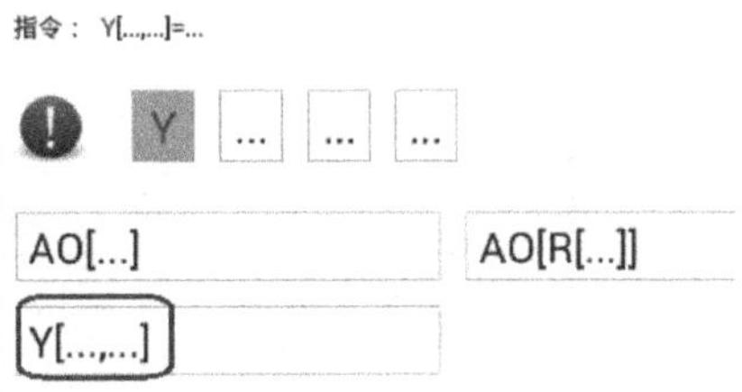
8	选择I/O输出端口	1）单击Y右边第一个框 2）单击const按钮	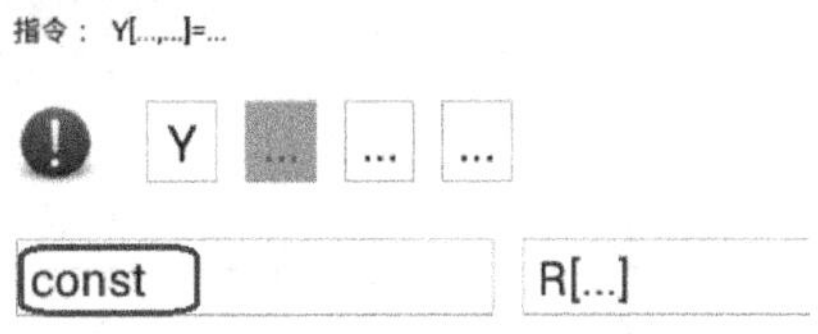
9	选择1号模组	输入1并单击“确认”按钮	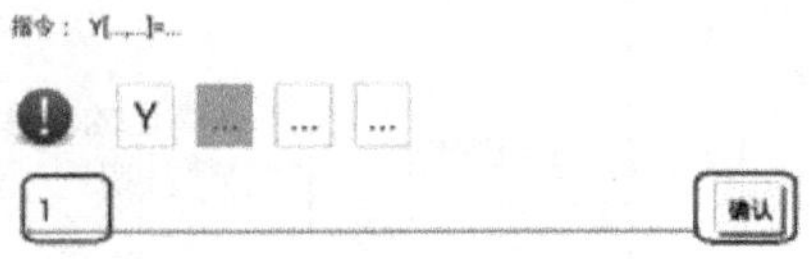
10	选择端口1	用同样的操作方法输入1并单击“确认”按钮	
11	选择IO状态	1）单击Y右边第3个框 2）单击“ON”按钮	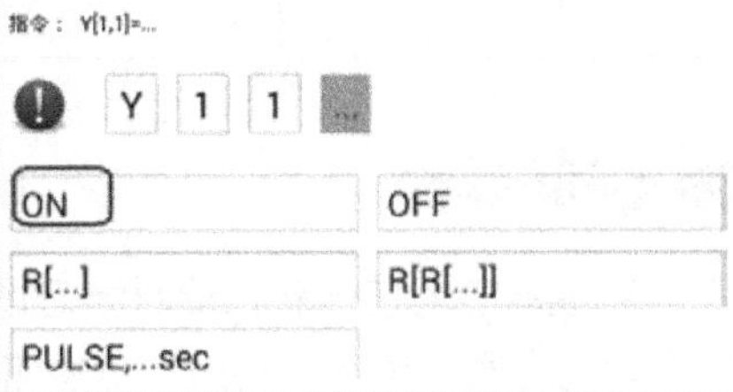

（续）

序　号	步　骤	描　述	图　示
12	插入完成	Y[1, 1]程序语句输入完成	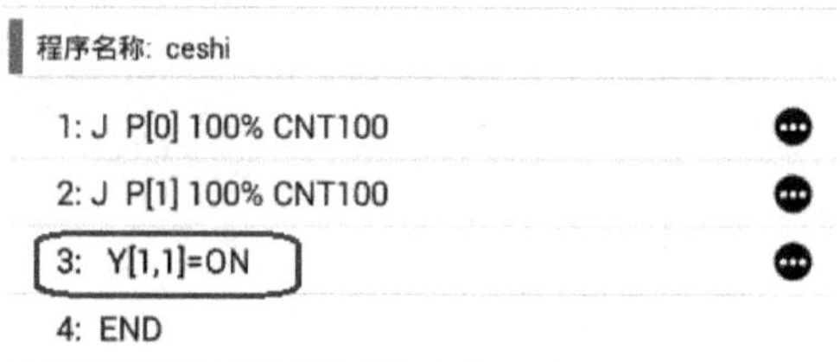 程序名称：ceshi 1: J P[0] 100% CNT100 2: J P[1] 100% CNT100 3: Y[1,1]=ON 4: END
13	程序保存	单击“保存”按钮，画面显示“程序ceshi保存成功”提示	 程序ceshi保存成功! 新建程序 打开程序 程序检查 保存 另存为 详情
14	点位示教	1）移动机器人到合适位置 2）单击第一条语句后面的菜单	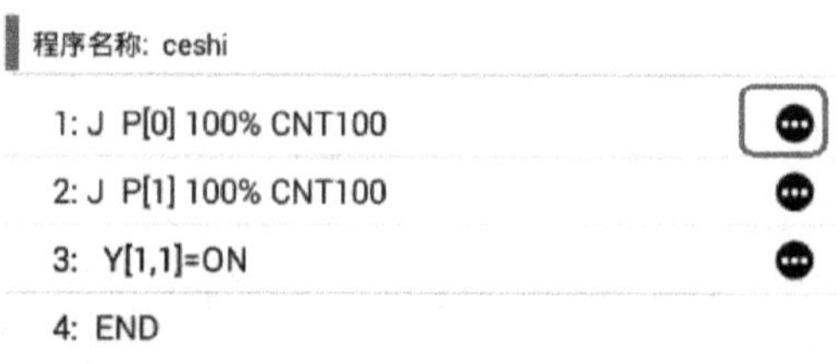 程序名称：ceshi 1: J P[0] 100% CNT100 2: J P[1] 100% CNT100 3: Y[1,1]=ON 4: END
15	点位保存	在弹出的对话框中单击“替换位置”按钮	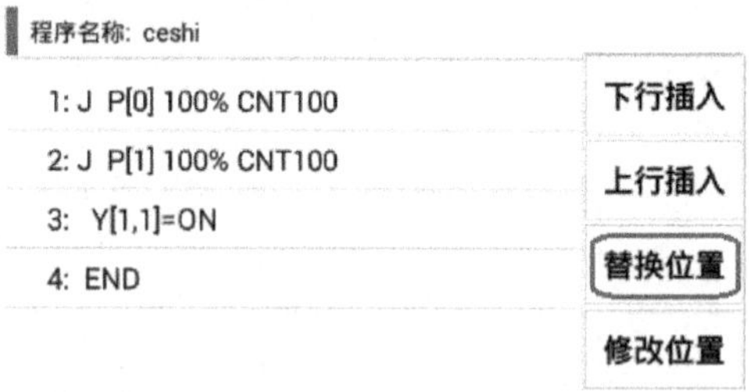 程序名称：ceshi 1: J P[0] 100% CNT100 2: J P[1] 100% CNT100 3: Y[1,1]=ON 4: END 下行插入 上行插入 替换位置 修改位置
16	示教完成	单击“确认”按钮，P[0]点示教完成，其他点位示教操作类似	 是否将P[0]替换为机器人当前位置? 取消 确定

≫ 任务评价

完成本学习任务后，请对学习过程和结果的质量进行评价和总结，并填写表2-9。自我评价由学习者本人填写，小组评价由组长填写，教师评价由任课教师填写。

表2-9 评价反馈表

班级		姓名		学号		日期	

学习任务名称:			在相应框内打√
	序号	评价标准	评价结果
自我评价	1	能按时上、下课	□是 □否
	2	着装规范	□是 □否
	3	能独立完成任务书的填写	□是 □否
	4	能利用网络资源、数据手册等查找有效信息	□是 □否
	5	了解工业机器人程序示教的方法	□是 □否
	6	掌握程序语句指令插入的方法	□是 □否
	7	掌握I/O指令插入、编辑的方法	□是 □否
	8	掌握机器人点位示教的方法	□是 □否
	9	掌握程序示教完保存的方法	□是 □否
	10	学习效果自评等级	□优 □良 □中 □差
	11	经过本任务学习得到提高的技能有:	
小组评价	1	在小组讨论中能积极发言	□优 □良 □中 □差
	2	能积极配合小组成员完成工作任务	□优 □良 □中 □差
	3	在任务中的角色表现	□优 □良 □中 □差
	4	能较好地与小组成员沟通	□优 □良 □中 □差
	5	安全意识与规范意识	□优 □良 □中 □差
	6	遵守课堂纪律	□优 □良 □中 □差
	7	积极参与汇报展示	□优 □良 □中 □差
	8	组长评语: 签名: 年 月 日	
教师评价	1	参与度	□优 □良 □中 □差
	2	责任感	□优 □良 □中 □差
	3	职业道德	□优 □良 □中 □差
	4	沟通能力	□优 □良 □中 □差
	5	团结协作能力	□优 □良 □中 □差
	6	理论知识掌握	□优 □良 □中 □差
	7	完成任务情况	□优 □良 □中 □差
	8	填写任务书情况	□优 □良 □中 □差
	9	教师评语: 签名: 年 月 日	

思考与拓展

在本项目中了解了工业机器人常用的指令，学会了工业机器人程序新建、程序编辑、程序示教和程序加载的操作方法。结合本项目学过的知识，修改以下程序，让程序中圆弧指令“C P[3] P[4] 100mm/sec FINE”自动循环运行5次后再接着移动到P[5]，修改后重新加载，并调试运行。

```
1: J P[1] 100% CNT100
2: L P[2] 100% CNT100
3: WAIT 50 SEC
4: C P[3] P[4] 100mm/sec FINE
5: J P[5] 100% CNT100
6: END
```

课后练习题

1）建立程序TEXT20，在程序界面中输入以下语句。

```
1: J P[0] 100% CNT100
2: J P[1] 100% CNT100
3: J P[2] 100% CNT100
4: L P[3] 100mm/sec CNT100
5: Y[1,1]=ON
6: WAIT X[1,1]=ON
7: L P[2] 100mm/sec CNT100
8: J P[4] 100% CNT100
9: L P[5] 100mm/sec CNT100
10: Y[1,1]=OFF
11: WAIT X[1,1]=OFF
12: L P[4] 100mm/sec CNT100
13: J P[6] 100% CNT100
14: L P[7] 100mm/sec CNT100
15: Y[1,1]=ON
16: WAIT X[1,1]=ON
17: L P[6] 100mm/sec CNT100
18: J P[8] 100% CNT100
```

示教P[0]到P[8]点位，保存程序。

项目3 搬运机器人工作站

知识点

- 理解工业机器人坐标系。
- 掌握工业机器人程序编写、点位记录方法。
- 能正确对工业机器人程序文件管理。
- 工业机器人调试与运行。

技能点

- 工业机器人搬运路径规划。
- 工业机器人操作方法。
- 工业机器人I/O指令应用。
- 机器人搬运工作站调试。

知识储备

一、搬运机器人的常见应用

搬运机器人广泛应用于汽车整车及汽车零部件、金属加工、注射成型、工程机械、轨道交通、低压电器、电力、IC装备等众多行业，用于机床上下料、冲压机自动化生产线、自动装配流水线、码垛搬运等自动搬运生产环节，以提高生产效率、节省劳动力成本、提高定位精度并降低搬运过程中的产品损坏率。搬运机器人对精度要求相对低一点，但承载能力比较大，运动速度比较高。

二、搬运机器人工作站的组成及技术参数

1. 工作站的组成

为了便于现场实际教学，本教学工作站就地取材，利用实训室现有材料搭建，组成清单见表3-1。

表3-1 工作站组成清单

序　号	名　称	数　量
1	HSR-JR612机器人	1套
2	工作桌	1张
3	塑料块	3块
4	夹具	1套

工作站现场如图3-1所示。

图3-1　工作站现场

2. 工作站技术参数

机器人性能参数见表3-2。

表3-2　机器人性能参数

型号		HSR-JR612
动作类型		关节型
控制轴		6
放置方式		地面安装
最大动作范围	J1	±160°
	J2	-165°/15°
	J3	45°/260°
	J4	±180°
	J5	±108°
	J6	±360°
最大运动速度	J1	148°/s
	J2	148°/s
	J3	148°/s
	J4	360°/s
	J5	225°/s
	J6	360°/s
最大运动半径		1555mm
手腕部最大负载		12kg
重复定位精度		±0.06mm
本体重量		196kg

三、工作站动作要求

将工作台上的三个塑料块通过机器人夹取，依次搬运到台上3个位置上，如图3-2所示。

1）规划机器人运动路径。

2）示教程序及机器人点位位置。

3）配置相应的I/O，让夹具动作。

4）调试机器人程序让机器人自动完成动作。

四、操作前准备

1. 运动规划

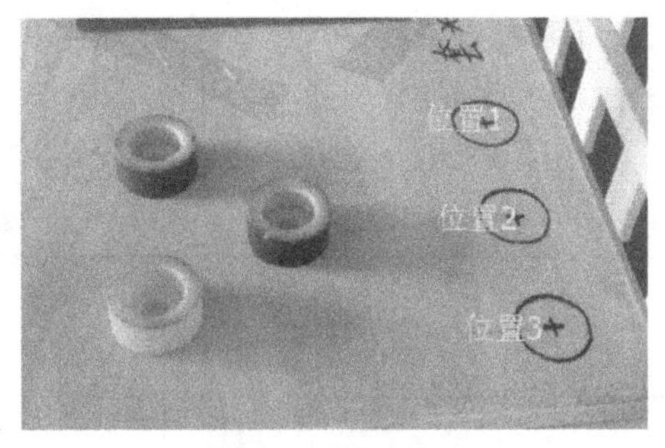

图3-2 搬运位置

在做任何一个机器人应用项目时，都需要先对项目的机器人运动做好规划，然后根据规划配置I/O和示教程序。运动规划又分任务规划、动作规划、路径规划。在实际应用中，往往还需要对机器人的动作在仿真软件里面进行离线仿真，关于离线编程仿真，在后面会简单介绍，这里就不再叙述。

本项目为机器人搬运，可分为取料和放料两大部分，基本动作就是“夹取物料”“移动物料”“放下物料”等一系列子任务。可以进一步分解为“移动到物料上方”“移动贴近物料”“打开夹具取物料”“夹持物料抬起”“移动到放置点”“放置物料”等一系列动作，具体动作规划如图3-3所示。

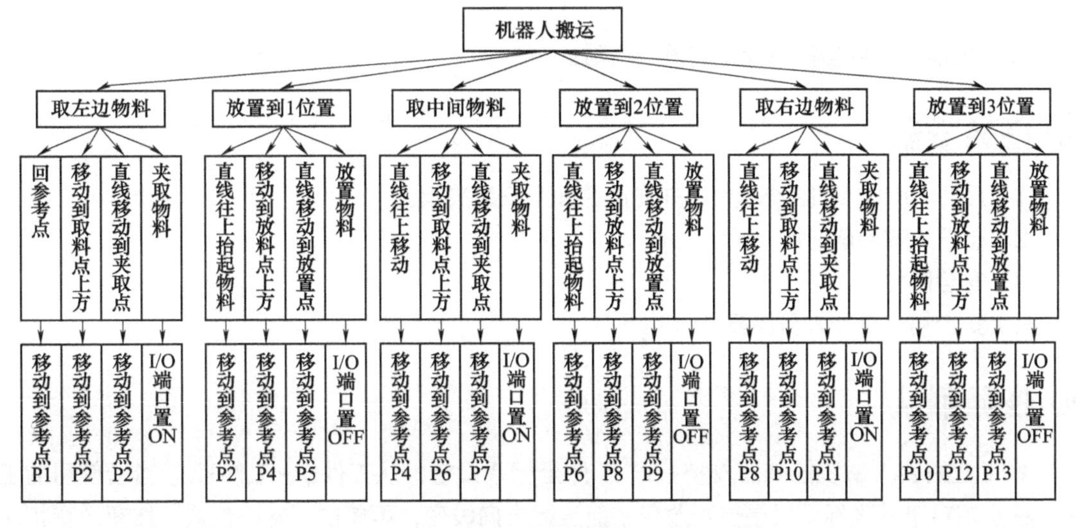

图3-3 动作规划

图3-3中上层为项目的任务规划、中层为动作规划，下层为路径规划。

2. I/O配置

本项目中使用气动夹具来夹取物料，气动夹具的打开与关闭通过I/O信号控制。HSR-JR612机器人控制系统提供了完整的I/O通信接口，可以方便地与周边设备进行通信。

HSR-JR612机器人控制系统的I/O板提供的常用I/O信号有输入信号X（共48点，分6组）和输出信号Y（共32点，分4组）。输入端口中有16个输入点为24V电压输入（输入模块为带P标志的模块），另外的32个输入点为-24V电压输入，这就是常说的高电平输入和低电平输入，与PLC类似，接线方法有些差别，功能是相同的。

I/O配置主要是对这些输入/输出状态进行管理和设置。在工程应用中，可依据现场情况进行设计和编程。

本项目中，应使用X[1，1]、Y[1，1]等输入/输出信号，具体配置见表3-3。

表3-3　IO配置

序　号	PLC地址	状　态	符号说明	控制指令
1	X[1，1]	ON/OFF	夹取到位/放置到位	X[1，1]=ON/OFF
2	Y[1，1]	ON/OFF	夹具张开/夹紧	Y[1，1]=ON/OFF

任务1　设定工件坐标系

任务描述

本任务通过利用机器人手爪夹具，完成机器人新的工件坐标系设置。

任务目标

掌握机器人工件坐标系标定的操作方法。

任务准备

1）HSR-JR612机器人1台，并在法兰面上安装夹具。
2）机器人安装座1个。
3）安全围栏。
4）安全帽（操作人员佩戴）。

任务确认

本工业机器人系统控制器支持16个工件坐标系设定，从工件0～工件15。当所使用的工件坐标系相对于基坐标系只是位置改变，而坐标方向没变，可单击“修改位置”按钮改变相应轴的坐标。当位置和坐标方向都发生改变时，需采用三点法或四点法标定工件坐标系。

本项目搬运过程中，由于被搬运物料的初始位置和目标位置可以很方便地利用基坐标系中的坐标表示，不像喷涂、焊接那样需要对物料上的若干点（或线、面）进行操作，无需在工件坐标系下对物料上的若干点进行描述，所以搬运操作过程可以不设定工件坐标系，而直接在基坐标系中进行。当然，设定一个工件坐标系并在工件坐标系中进行操作也是可以的。

操作步骤

如果要另外设置工件坐标系，则可以参考“项目1任务3”中的操作方法，该项目同样可以利用工作台上的直角为参考点进行工件坐标系标定。

任务2　新建搬运程序

任务描述

本任务通过了解搬运项目需求，编写对应的机器人运动程序。

任务目标

掌握机器人程序编写操作方法。

任务准备

1）HSR-JR612机器人1台，并接通电源和气源。

2）机器人安装座1个。

3）安全围栏。

4）安全帽（操作人员佩戴）。

操作步骤

为实现物料的搬运功能，在完成任务规划、动作规划、路径规划后，则可确定好物料搬运放置区的位置，开始对机器人搬运进行程序编写。

新建搬运程序的详细操作步骤见表3-4。

表3-4　新建搬运程序的操作步骤

序　号	步　骤	描　述	图　示
1	机器人上电	1）机器人上电 2）单击“基坐标”按钮	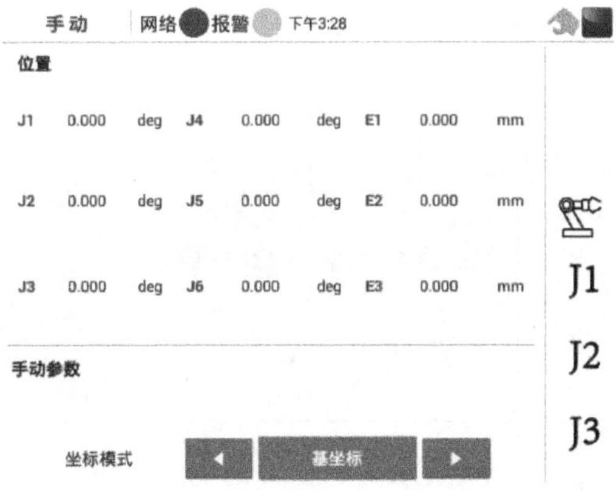
2	选择示教画面	1）单击“菜单”按钮 2）单击“示教”按钮	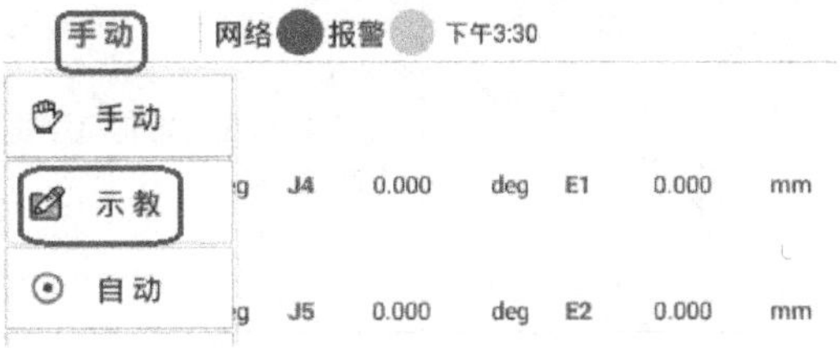

（续）

序　号	步　骤	描　述	图　示
3	新建程序	进入示教画面后单击“新建程序”按钮	 新建程序 打开程序 程序检查 保存 另存为 详情
4	输入程序名	1）在对话框中输入程序名“banyun” 2）单击“确认”按钮	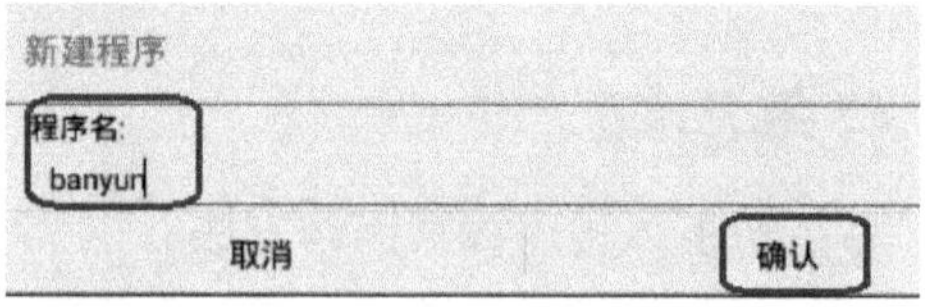 新建程序 程序名: banyun 取消 确认
5	输入第1条运动指令	1）在“END”指令空白处单击 2）在弹出的对话框中单击“运动指令”按钮	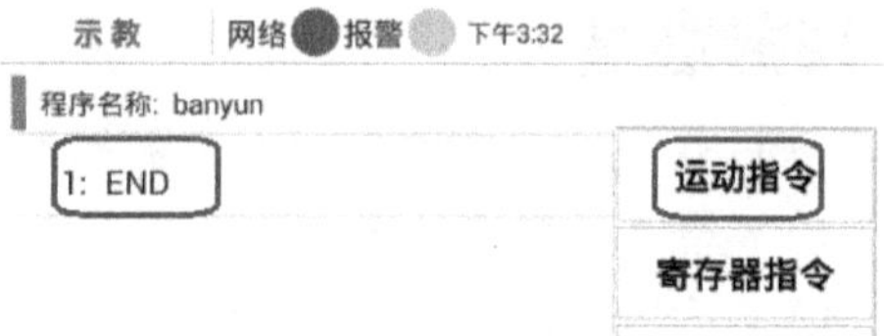 示教 网络 报警 下午3:32 程序名称: banyun 1: END 运动指令 寄存器指令
6	编辑指令	选择关节运动模式J，其他参数不变	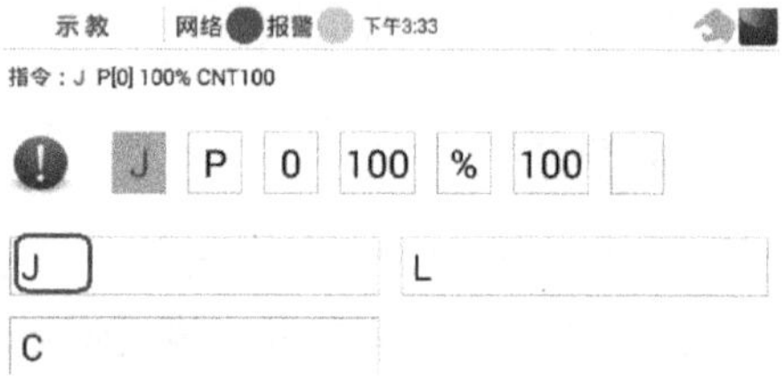 示教 网络 报警 下午3:33 指令：J P[0] 100% CNT100 J P 0 100 % 100 J L C
7	输入第2、3条指令	操作步骤同上	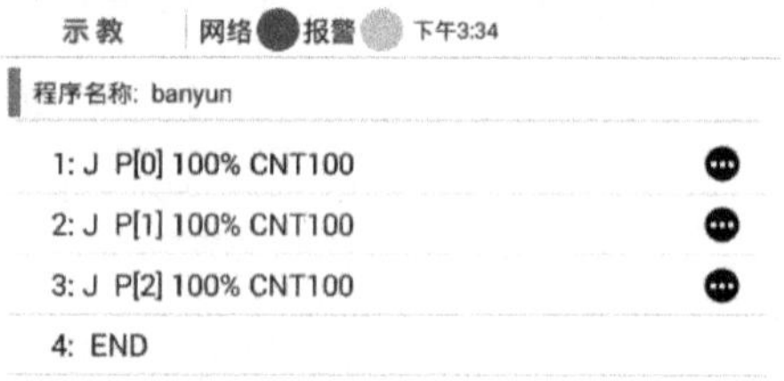 示教 网络 报警 下午3:34 程序名称: banyun 1: J P[0] 100% CNT100 2: J P[1] 100% CNT100 3: J P[2] 100% CNT100 4: END
8	输入第4条指令	操作步骤同上	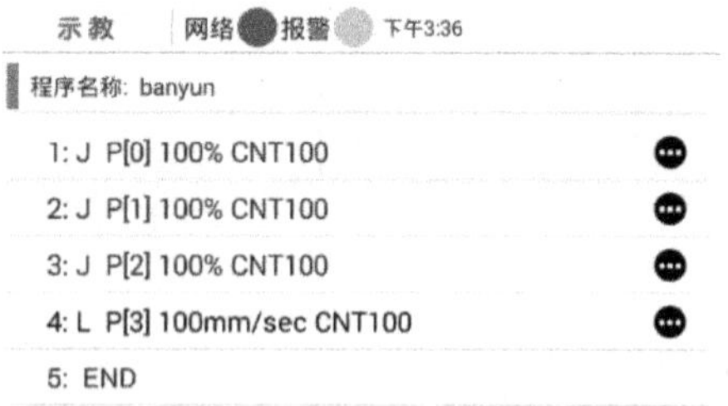 示教 网络 报警 下午3:36 程序名称: banyun 1: J P[0] 100% CNT100 2: J P[1] 100% CNT100 3: J P[2] 100% CNT100 4: L P[3] 100mm/sec CNT100 5: END
9	输入I/O指令	1）在“END”指令空白处单击 2）在弹出的对话框中选择“I/O指令”	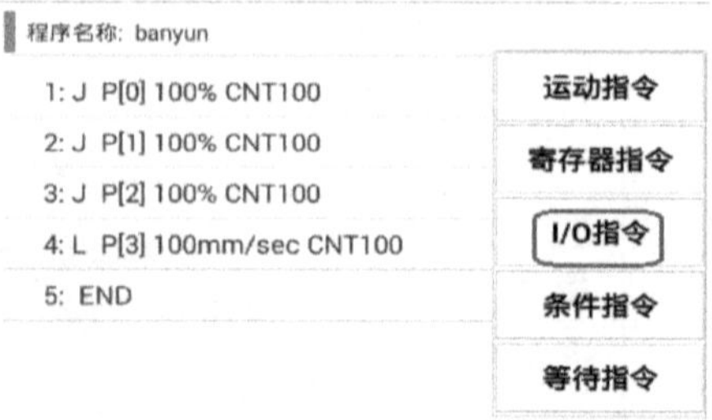 程序名称: banyun 1: J P[0] 100% CNT100 2: J P[1] 100% CNT100 3: J P[2] 100% CNT100 4: L P[3] 100mm/sec CNT100 5: END 运动指令 寄存器指令 I/O指令 条件指令 等待指令

（续）

序　号	步　骤	描　述	图　示
10	选择指令类型	选择输出指令Y	示教　网络　报警　下午3:37 指令： Y[...,...]=... Y　...　...　... AO[...]　AO[R[...]] Y[...,...]
11	编辑指令参数	1）选择模组1 2）选择端口1 3）选择状态为“ON”	示教　网络　报警　下午3:38 指令： Y[1,1]=ON Y　1　1　ON ON　OFF R[...]　R[R[...]] PULSE,...sec
12	第1条I/O指令输入完成	Y[1，1]=ON指令输入完成	程序名称: banyun 1: J P[0] 100% CNT100 2: J P[1] 100% CNT100 3: J P[2] 100% CNT100 4: L P[3] 100mm/sec CNT100 5: Y[1,1]=ON 6: END
13	输入第6条指令	操作步骤同上	程序名称: banyun 1: J P[0] 100% CNT100 2: J P[1] 100% CNT100 3: J P[2] 100% CNT100 4: L P[3] 100mm/sec CNT100 5: Y[1,1]=ON 6: L P[2] 100mm/sec CNT100 7: END

（续）

序　号	步　骤	描　述	图　示
14	继续输入其他指令	操作步骤同上	示教　网络 报警 下午3:42 程序名称：banyun 1: J P[0] 100% CNT100 2: J P[1] 100% CNT100 3: J P[2] 100% CNT100 4: L P[3] 100mm/sec CNT100 5: Y[1,1]=ON 6: L P[2] 100mm/sec CNT100 7: J P[4] 100% CNT100 8: L P[5] 100mm/sec CNT100 9: Y[1,1]=OFF 10: L P[4] 100mm/sec CNT100 11: J P[6] 100% CNT100 12: L P[7] 100mm/sec CNT100 13: Y[1,1]=ON 14: L P[6] 100mm/sec CNT100 15: J P[8] 100% CNT100 16: L P[9] 100mm/sec CNT100 17: Y[1,1]=OFF 18: END
15	程序检查	1）单击“程序检查”按钮 2）提示无异常后保存程序，如有异常则看那行语法是否有问题	新建程序　打开程序　程序检查　保存　另存为　详情
16	程序保存	指令全部输入完成后保存程序	9: Y[1,1]=OFF 10: L P[4] 100mm/se 程序banyun保存成功！ 11: J P[6] 100% CNT100 12: L P[7] 100mm/sec CNT100 13: Y[1,1]=ON 14: L P[6] 100mm/sec CNT100 15: J P[8] 100% CNT100 16: L P[9] 100mm/sec CNT100 17: Y[1,1]=OFF 18: END 新建程序　打开程序　程序检查　保存　另存为　详情

参考程序：

程序名：banyun

1：J P[0]　100%　CNT100　　　　　　//回到机器人原点

```
2: J P[1] 100% CNT100                //动作开始点
3: J P[2] 100% CNT100                //左边物料上方取料点
4: L P[3] 100mm/sec CNT100           //左边物料下方取料点
5: Y[1,1]=ON                         //夹具动作（夹紧物料）
6: WAIT X[1,1]=ON                    //等待物料夹紧到位
7: L P[2] 100mm/sec CNT100           //取到物料后直线抬起
8: J P[4] 100% CNT100                //左边物料放置位置上方点
9: L P[5] 100mm/sec CNT100           //左边物料放置位置点
10: Y[1,1]=OFF                       //夹具动作（松开物料）
11: WAIT X[1,1]=OFF                  //等待物料松开到位
12: L P[4] 100mm/sec CNT100          //放料后直线移动抬起
13: J P[6] 100% CNT100               //中间物料上方取料点
14: L P[7] 100mm/sec CNT100          //中间物料下方取料点
15: Y[1,1]=ON                        //夹具动作（夹紧物料）
16: WAIT X[1,1]=ON                   //等待物料夹紧到位
17: L P[6] 100mm/sec CNT100          //取到物料后直线抬起
18: J P[8] 100% CNT100               //中间物料放置位置上方点
19: L P[9] 100mm/sec CNT100          //中间物料放置位置点
20: Y[1,1]=OFF                       //夹具动作（松开物料）
21: WAIT X[1,1]=OFF                  //等待物料松开到位
22: L P[8] 100mm/sec CNT100          //放料后直线移动抬起
23: J P[10] 100% CNT100              //右边物料上方取料点
24: L P[11] 100mm/sec CNT100         //右边物料下方取料点
25: Y[1,1]=ON                        //夹具动作（夹紧物料）
26: WAIT X[1,1]=ON                   //等待物料夹紧到位
27: L P[10] 100mm/sec CNT100         //取到物料后直线抬起
28: J P[12] 100% CNT100              //右边物料放置位置上方点
29: L P[13] 100mm/sec CNT100         //右边物料放置位置点
30: Y[1,1]=OFF                       //夹具动作（松开物料）
31: WAIT X[1,1]=OFF                  //等待物料松开到位
32: L P[12] 100mm/sec CNT100         //放料后直线移动抬起
33: J P[1] 100% CNT100               //回到动作开始点
34: END
```

说明：参考程序中有输入指令WAIT X[1，1]=ON/OFF，现场工作站中因夹具没有安装感应开关，故现场程序没有该指令，默认夹具动作为夹紧到位或松开到位。

任务3 示教目标点

任务描述

本任务通过编写好的机器人运动程序，示教相对应的目标点位置。

任务目标

掌握机器人点位示教的操作方法。

任务准备

1）HSR-JR612机器人1台，安装夹具，接通电源和气源。
2）机器人安装座1个、工作台1张、塑料块3PCS。
3）程序已编写好。
4）安全围栏。
5）安全帽（操作人员佩戴）。

操作步骤

示教目标点的详细操作步骤见表3-5。

注意

进行以下步骤操作，操作人员需佩戴安全帽。

表3-5 示教目标点的操作步骤

序号	步骤	描述	图示
1	打开程序“banyun”	打开任务2编辑好的“banyun”程序	示教 网络 报警 下午3:48 程序名称：banyun 1: J P[0] 100% CNT100 2: J P[1] 100% CNT100 3: J P[2] 100% CNT100 4: L P[3] 100mm/sec CNT100 5: Y[1,1]=ON
2	移动机器人到原点位置	参考机器人手动操作	
3	记录点位	1）单击P0语句后面的菜单 2）单击“替换位置”按钮	程序名称：banyun 1: J P[0] 100% CNT100 2: J P[1] 100% CNT100 3: J P[2] 100% CNT100 4: L P[3] 100mm/sec CNT100 5: Y[1,1]=ON 下行插入 上行插入 替换位置 修改位置

（续）

序　号	步　骤	描　述	图　示
4	点位保存	将当前位置保存为P0点	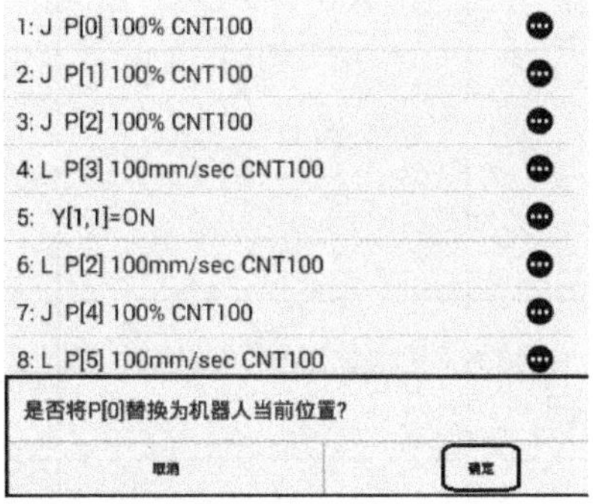 1: J P[0] 100% CNT100 2: J P[1] 100% CNT100 3: J P[2] 100% CNT100 4: L P[3] 100mm/sec CNT100 5: Y[1,1]=ON 6: L P[2] 100mm/sec CNT100 7: J P[4] 100% CNT100 8: L P[5] 100mm/sec CNT100 是否将P[0]替换为机器人当前位置? 取消 确定
5	移动机器人到开始位置	参考机器人手动操作	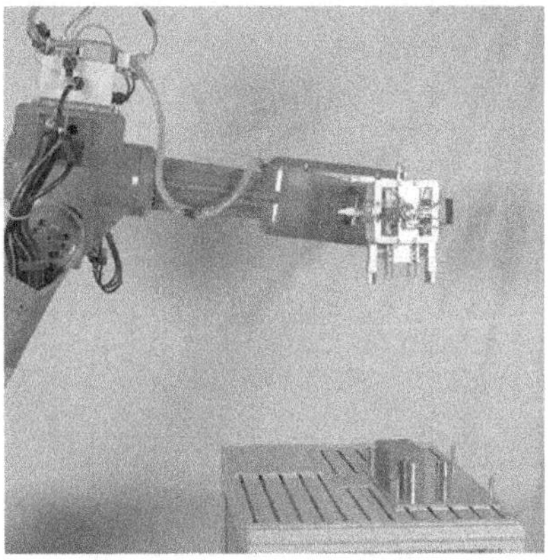
6	记录点位	1）单击P1语句后面的菜单 2）单击“替换位置”按钮	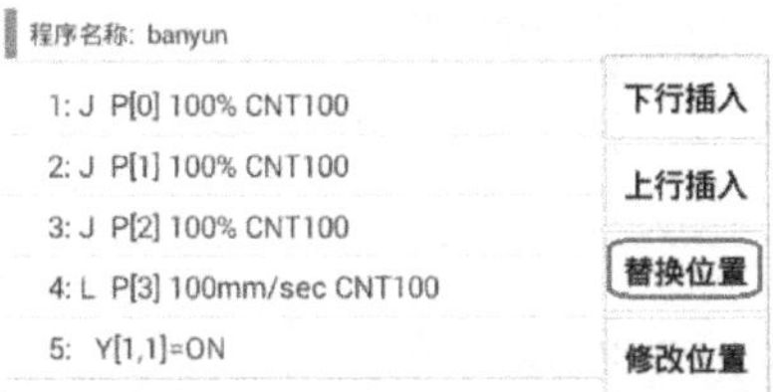 程序名称: banyun 1: J P[0] 100% CNT100 2: J P[1] 100% CNT100 3: J P[2] 100% CNT100 4: L P[3] 100mm/sec CNT100 5: Y[1,1]=ON 下行插入 上行插入 替换位置 修改位置
7	点位保存	将当前位置保存为P1点	 是否将P[1]替换为机器人当前位置? 取消 确定
8	移动机器人到取料点上方	参考机器人手动操作	

（续）

序　号	步　骤	描　述	图　示
9	记录点位	1）单击P2语句后面的菜单 2）单击“替换位置”按钮	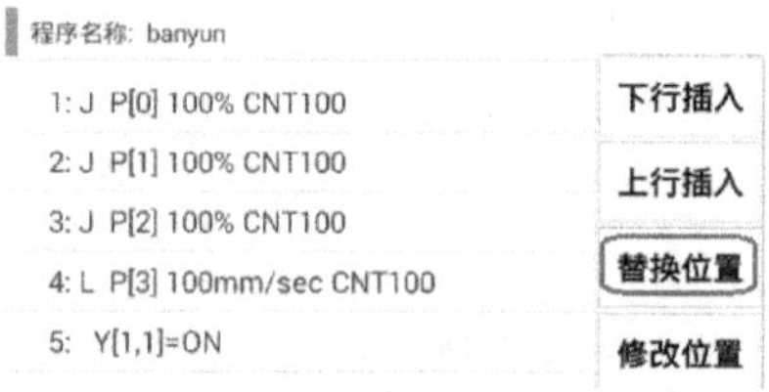 程序名称：banyun 1: J P[0] 100% CNT100 2: J P[1] 100% CNT100 3: J P[2] 100% CNT100 4: L P[3] 100mm/sec CNT100 5: Y[1,1]=ON 下行插入 上行插入 替换位置 修改位置
10	点位保存	将当前位置保存为P2点	 是否将P[2]替换为机器人当前位置？ 取消 确定
11	移动机器人到取料点下方	参考机器人手动操作	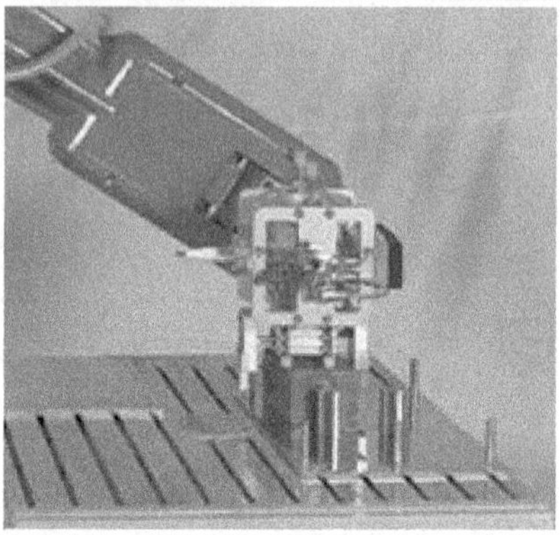
12	记录点位	1）单击P3语句后面的菜单 2）单击“替换位置”按钮	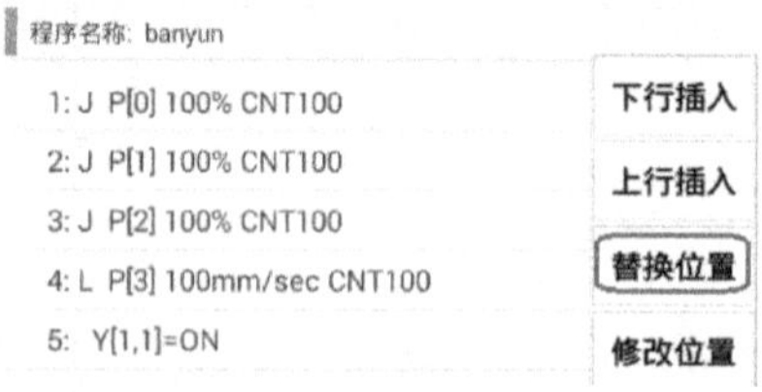 程序名称：banyun 1: J P[0] 100% CNT100 2: J P[1] 100% CNT100 3: J P[2] 100% CNT100 4: L P[3] 100mm/sec CNT100 5: Y[1,1]=ON 下行插入 上行插入 替换位置 修改位置
13	点位保存	将当前位置保存为P3点	 是否将P[3]替换为机器人当前位置？ 取消 确定
14	继续示教P4～P13目标点位位置	操作方法同上	

任务4　调试搬运程序

任务描述

本任务根据已经编写好的机器人运动程序，对程序进行调试，所有目标点已经示教完成。

任务目标

掌握机器人调试操作方法。

≫ 任务准备

1）HSR-JR612机器人1台，安装夹具，接通电源和气源。
2）机器人安装座1个、工作台1张、塑料块3PCS。
3）程序已编写好，目标点位已示教完。
4）安全围栏。
5）安全帽（操作人员佩戴）。

≫ 操作步骤

调试搬运程序的详细操作步骤见表3-6。

注意

进行以下步骤操作，操作人员需佩戴安全帽。

表3-6　调试搬运程序的操作步骤

序　号	步　骤	描　述	图　示
1	模式选择	通过菜单键选择“自动”模式	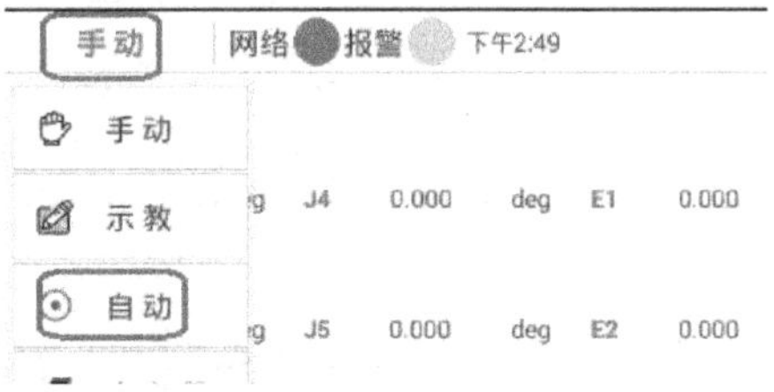
2	加载程序	单击画面最下面的“加载程序”按钮	
3	选择被加载程序	选择程序“banyun”	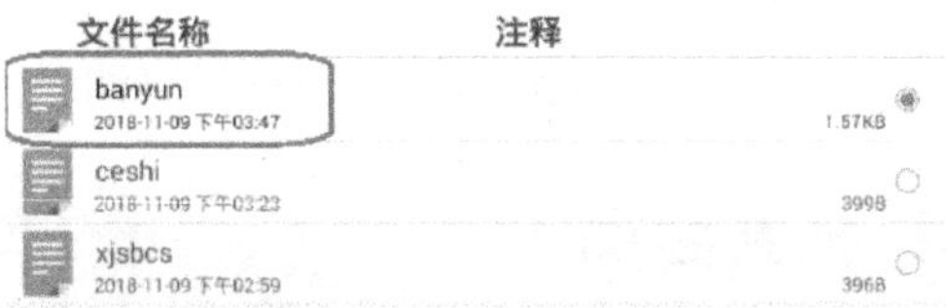
4	加载完成	程序“banyun”已被加载完成	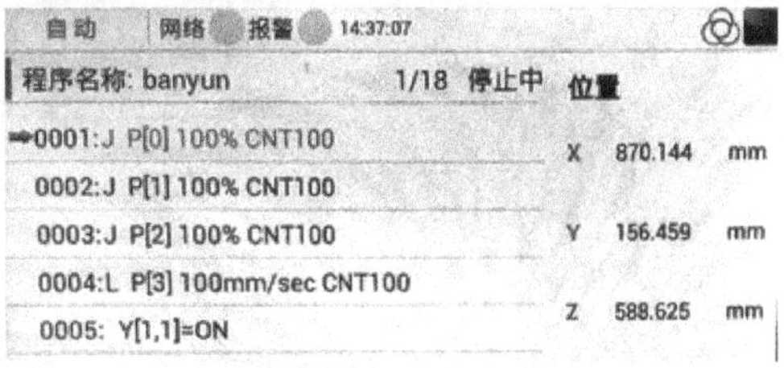
5	单步运行	单击“单步模式”按钮	
6	开始单步动作	按下示教器“开始动作”按键，每按一次，机器人程序执行一步	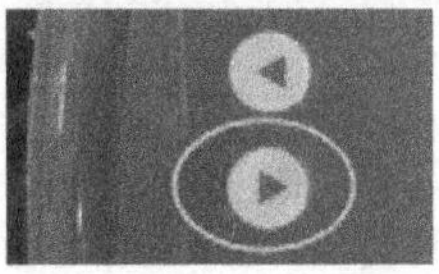

（续）

序　号	步　骤	描　述	图　示
7	调整运行速度	可调整合适的运动速度	
8	单周连续运行	单步调试无问题后进入连续运行模式	
9	开始单周连续动作	单击示教器“开始动作”按钮，程序开始执行	
10	循环连续运行	单周连续运行无问题后进入循环连续运行模式	
11	开始循环连续动作	单击示教器“开始动作”按钮，程序开始执行	
12	程序暂停与停止	单击示教器“暂停”按钮，程序暂停，单击“停止”按钮，程序停止	

任务5　自动运行搬运程序

任务描述

本任务根据调试好的程序开启自动运行。

任务目标

掌握机器人自动运行的操作方法。

任务准备

1）HSR-JR612机器人1台，安装夹具，接通电源和气源。

2）机器人安装座1个、工作台1张、塑料块3PCS。

3）程序已调试好。

4）安全围栏。

5）安全帽（操作人员佩戴）。

操作步骤

自动运行搬运程序的详细操作步骤见表3-7。

注意

进行以下步骤操作，操作人员需佩戴安全帽。

表3-7　自动运行搬运程序的操作步骤

序　号	步　骤	描　述	图　示
1	模式选择	通过菜单键选择“自动”模式	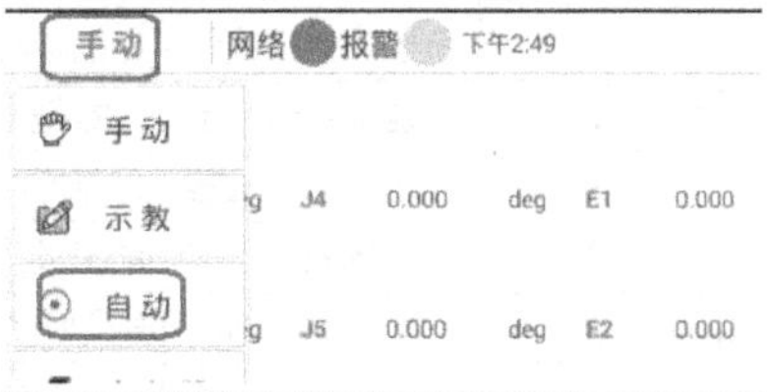
2	加载程序	单击画面最下面的“加载程序”按钮	
3	选择被加载程序	选择程序“banyun”	
4	加载完成	程序“banyun”已被加载完成	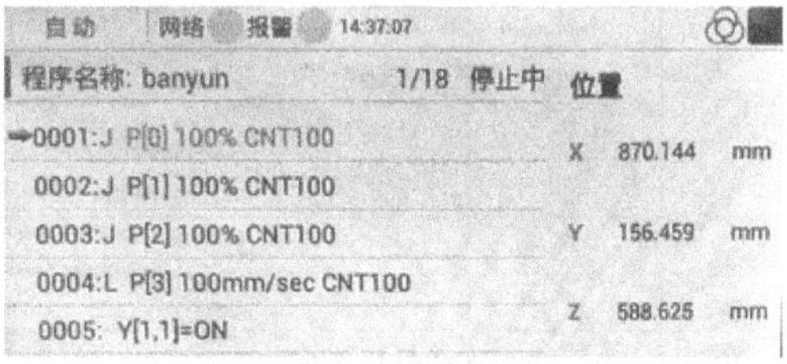
5	调整运行速度	可调整合适的运动速度	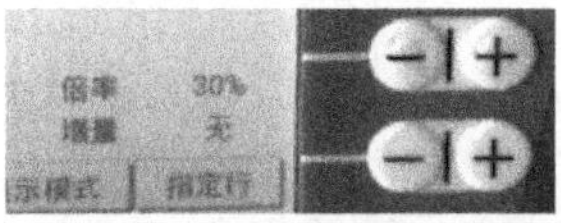
6	循环连续运行	单周连续运行无问题后进入循环连续运行模式	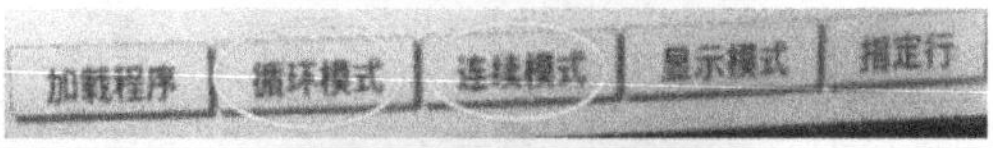
7	开始循环连续动作	单击示教器“开始动作”按钮，程序开始执行	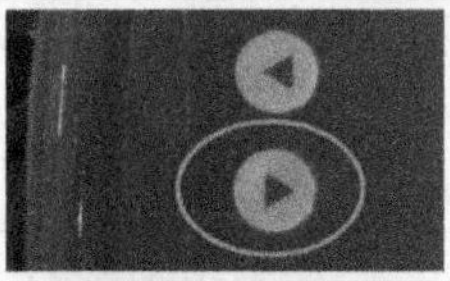
8	程序暂停与停止	单击示教器“暂停”按钮，程序暂停，单击“停止”按钮，程序停止	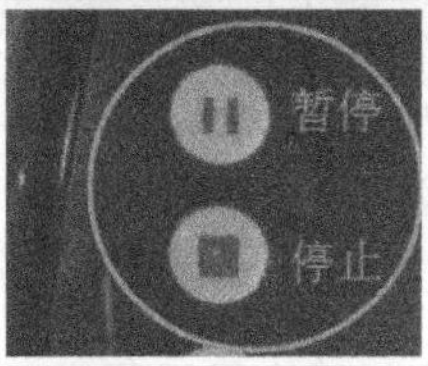

》项目评价

完成本学习项目后，请对学习过程和结果的质量进行评价和总结，并填写表3-8。自我评价由学习者本人填写，小组评价由组长填写，教师评价由任课教师填写。

表3-8 评价反馈表

<table>
<tr><td>班级</td><td colspan="2"></td><td>姓名</td><td></td><td>学号</td><td></td><td>日期</td><td></td></tr>
<tr><td colspan="5">学习任务名称:</td><td colspan="4">在相应框内打√</td></tr>
<tr><td rowspan="14">自我评价</td><td>序 号</td><td colspan="3">评 价 标 准</td><td colspan="4">评 价 结 果</td></tr>
<tr><td>1</td><td colspan="3">能按时上、下课</td><td colspan="4">□是 □否</td></tr>
<tr><td>2</td><td colspan="3">着装规范</td><td colspan="4">□是 □否</td></tr>
<tr><td>3</td><td colspan="3">能独立完成任务书的填写</td><td colspan="4">□是 □否</td></tr>
<tr><td>4</td><td colspan="3">能利用网络资源、数据手册等查找有效信息</td><td colspan="4">□是 □否</td></tr>
<tr><td>5</td><td colspan="3">了解搬运机器人常见的应用</td><td colspan="4">□是 □否</td></tr>
<tr><td>6</td><td colspan="3">了解搬运工作站的组成</td><td colspan="4">□是 □否</td></tr>
<tr><td>7</td><td colspan="3">熟悉工作站动作规划的方法</td><td colspan="4">□是 □否</td></tr>
<tr><td>8</td><td colspan="3">能独立完成工作站程序编写</td><td colspan="4">□是 □否</td></tr>
<tr><td>9</td><td colspan="3">能独立完成工作站目标点示教</td><td colspan="4">□是 □否</td></tr>
<tr><td>10</td><td colspan="3">能独立完成工作站程序调试</td><td colspan="4">□是 □否</td></tr>
<tr><td>11</td><td colspan="3">能独立完成工作站程序运行</td><td colspan="4">□是 □否</td></tr>
<tr><td>12</td><td colspan="3">学习效果自评等级</td><td colspan="4">□优 □良 □中 □差</td></tr>
<tr><td>13</td><td colspan="7">经过本任务学习得到提高的技能有:</td></tr>
<tr><td rowspan="8">小组评价</td><td>1</td><td colspan="3">在小组讨论中能积极发言</td><td colspan="4">□优 □良 □中 □差</td></tr>
<tr><td>2</td><td colspan="3">能积极配合小组成员完成工作任务</td><td colspan="4">□优 □良 □中 □差</td></tr>
<tr><td>3</td><td colspan="3">在任务中的角色表现</td><td colspan="4">□优 □良 □中 □差</td></tr>
<tr><td>4</td><td colspan="3">能较好地与小组成员沟通</td><td colspan="4">□优 □良 □中 □差</td></tr>
<tr><td>5</td><td colspan="3">安全意识与规范意识</td><td colspan="4">□优 □良 □中 □差</td></tr>
<tr><td>6</td><td colspan="3">遵守课堂纪律</td><td colspan="4">□优 □良 □中 □差</td></tr>
<tr><td>7</td><td colspan="3">积极参与汇报展示</td><td colspan="4">□优 □良 □中 □差</td></tr>
<tr><td>8</td><td colspan="7">组长评语:
签名:
年 月 日</td></tr>
<tr><td rowspan="9">教师评价</td><td>1</td><td colspan="3">参与度</td><td colspan="4">□优 □良 □中 □差</td></tr>
<tr><td>2</td><td colspan="3">责任感</td><td colspan="4">□优 □良 □中 □差</td></tr>
<tr><td>3</td><td colspan="3">职业道德</td><td colspan="4">□优 □良 □中 □差</td></tr>
<tr><td>4</td><td colspan="3">沟通能力</td><td colspan="4">□优 □良 □中 □差</td></tr>
<tr><td>5</td><td colspan="3">团结协作能力</td><td colspan="4">□优 □良 □中 □差</td></tr>
<tr><td>6</td><td colspan="3">理论知识掌握</td><td colspan="4">□优 □良 □中 □差</td></tr>
<tr><td>7</td><td colspan="3">完成任务情况</td><td colspan="4">□优 □良 □中 □差</td></tr>
<tr><td>8</td><td colspan="3">填写任务书情况</td><td colspan="4">□优 □良 □中 □差</td></tr>
<tr><td>9</td><td colspan="7">教师评语:
签名:
年 月 日</td></tr>
</table>

思考与拓展

在本项目中通过搬运机器人工作站的组成，熟悉搬运机器人的操作与编程，以下几个问题请同学们课后思考：

1）如果移动4块塑料，请编写运动规划图。

2）项目2中夹具没有安装感应信号，在此条件下，为了增加机器人取料、放料的稳定性，该如何操作？提示：可以在取料和放料时增加等待信号，设置等待时间。

3）如果要机器人在过渡点时运行速度快，在目标点时运行速度慢，该如何修改程序？过渡点是指开始点、取料上方点和放料上方点；目标点是指取料点和放料点。

课后练习题

1）在做任何一个机器人应用项目时，都需要先对项目的机器人运动做好规划，运动规划又分____________、____________、____________。

2）HSR-JR612工业机器人系统控制器支持______个工件坐标系设定，从工件______到工件______。

3）在该项目中，指令Y[1，1]=OFF的含义是________________________。

4）指令L P[5] 100mm/sec CNT100中，L表示____________，100mm/sec表示_______。

5）简述工具坐标系三点标定的操作步骤。

6）根据图3-4的要求，编写机器人动作程序，完成示教和调试工作。

零件摆放前					零件摆放后	
					4	3
1	2	3	4		2	1

图3-4 零件摆放前和摆放后的位置

项目4　码垛机器人工作站

知识点

- ➢ 掌握工业机器人相关运动指令。
- ➢ 掌握工业机器人码垛运动的特点及程序编写方法。
- ➢ 能正确对工业机器人程序文件管理。
- ➢ 工业机器人调试与运行。

技能点

- ➢ 工业机器人码垛运动规划。
- ➢ 工业机器人操作方法。
- ➢ 工业机器人I/O指令应用。
- ➢ 工业机器人码垛工作站调试。

≫ 知识储备

一、码垛机器人的常见应用

码垛机器人是用在工业生产过程中执行大批量工件、包装件的获取、搬运、码垛、拆垛等任务的一类工业机器人，是集机械、电子、信息、智能技术、计算机科学等学科于一体的高新机电产品。码垛机器人技术在解决劳动力不足、提高劳动生产效率、降低生产成本、降低工人劳动强度、改善生产环境等方面具有很大的潜力。码垛机器人广泛应用于物流、食品、化工、医药等领域。

二、搬运机器人工作站的组成

码垛机器人与搬运机器人在本体结构上没有太大区别，通常认为码垛机器人本体较搬运机器人本体大，在实际生产当中，码垛机器人多为四轴且多数带有辅助连杆，连杆主要起到增加力矩和平衡的作用。在本工作站中，还是使用HSR-JR612机器人作为码垛机器人，为了便于现场实际教学，本码垛教学工作站就地取材，利用实训室现有材料搭建，组成清单见表4-1。

表4-1　工作站清单

序　　号	名　　称	数　　量
1	HSR-JR612机器人	1套
2	工作桌	1张
3	零件块	12块
4	夹具	1套

码垛前零件摆放，如图4-1所示。

码垛后零件摆放，如图4-2所示。

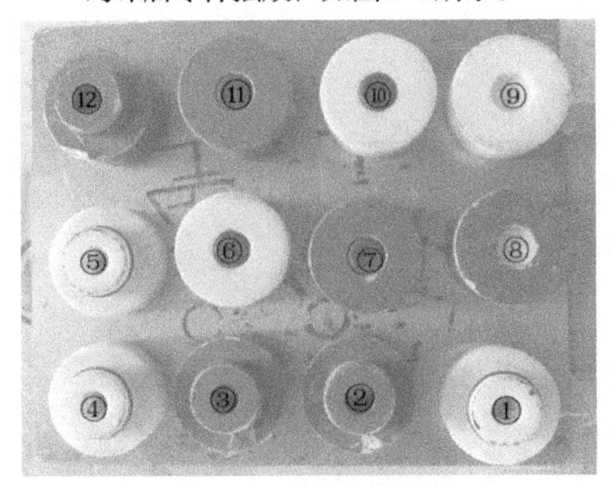

图4-1　码垛前零件摆放

图4-2　码垛后零件摆放

零件组合，如图4-3所示。

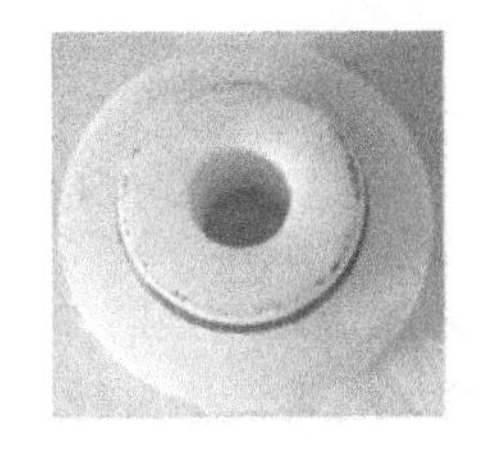
+

=

图4-3　零件组合

三、工作站动作要求

将工作台上的12个零件块通过机器人夹取，码垛成2行3列2层，零件须分类按组合夹取摆放。

1）规划机器人运动路径。

2）示教程序及机器人点位位置。

3）配置相应的I/O，让夹具动作。

4）调试机器人程序让机器人自动完成动作。

四、操作前准备

1. 运动规划

在做任何一个机器人应用项目时，都需要先对项目的机器人运动做好规划，然后根据规划配置I/O和示教机器人程序。运动规划又分任务规划、动作规划、路径规划。

本项目为机器人码垛，12个零件可分为两组，6个下零件和6个上零件，动作时可以先把6个下零件移动至放置区，摆成2行3列，再将6个上零件移动到第二层。机器人动作大致可分为取零件和放零件两大部分，基本动作是夹取零件、移动零件、放下零件等，具体规划如图4-4所示。

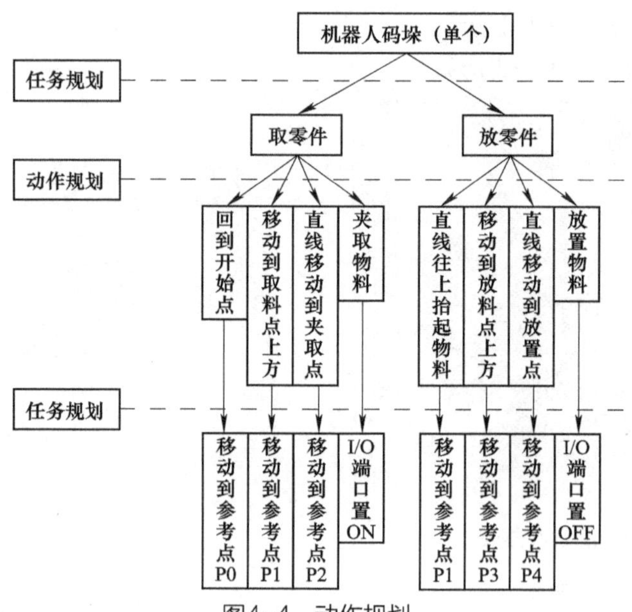

图4-4　动作规划

图4-4只是单个零件运动规划，其他11个零件的运动规划与该运动规划相同。

2. I/O配置

本任务中使用气动夹具来夹取零件，气动夹具的打开与关闭通过I/O信号控制。HSR-JR612机器人控制系统提供了完整的I/O通信接口，可以方便地与周边设备进行通信。

本码垛项目中，应使用X[1, 1]、Y[1, 1]等输入/输出信号，具体配置见表4-2。

表4-2　I/O配置

序　号	PLC地址	状　态	符号说明	控制指令
1	X[1, 1]	ON/OFF	夹取到位/放置到位	X[1, 1]=ON/OFF
2	Y[1, 1]	ON/OFF	夹具张开/夹紧	Y[1, 1]=ON/OFF

任务1　设定坐标系

任务描述

本任务通过机器人手爪夹具，完成码垛任务，并完成机器人工件坐标系及工具坐标系设置。

任务目标

1．掌握机器人工件坐标系设置的操作方法。

2．掌握机器人工具坐标系设置的操作方法。

任务准备

1）HSR-JR612机器人1台，并在法兰面上安装夹具。

2）机器人安装座1个。

3）安全围栏。

4）安全帽（操作人员佩戴）。

任务确认

1. 再识工件坐标系

项目1中讲到工件坐标是由用户在工件空间定义的一个笛卡儿坐标系，工件坐标系包括以下两种：（X、Y、Z）用来表示距离基坐标系原点的位置，（A、B、C）用来表示绕X轴、Y轴、Z轴旋转的角度。

当操作对象相对独立时，可以不设定工件坐标系，而直接在基坐标系下描述工作。然而，当操作对象相对于某一个位置有确定的坐标关系，或者操作对象具有确定的位置联系时，就有必要建立工件坐标系，以更好地表达操作任务，简化编程和操作（这方面的内容在思考与拓展中会讲到）。在本项目的码垛过程中，可以理解为零件的搬运，由于被搬运零件的初始位置和目标位置可以很方便地利用基坐标系中的坐标表示，不像喷涂、焊接那样需要对零件上的若干点（或线、面）进行操作，无须在工件坐标系下对零件上的若干点进行描述，所以搬运操作过程可以不设定工件坐标系，而直接在基坐标系中进行。当然，设定一个工件坐标系，并在工件坐标系进行操作也是可以的。

2. 再识工具坐标系

项目2中讲到：工具坐标系是用于描述安装在机器人末端的工具位姿等参数的，它固定连接于机器人末端连杆坐标系，以工具中心点（Tool Center Point，TCP）作为坐标原点。HSR-JR612机器人控制系统定义0号工具坐标系坐标原点位于J4、J5、J6关节轴线共同的交点，即手腕中心点。把此码垛项目当作搬运项目来做，完全可以不用重新设定工具坐标系。

3. 工件坐标系、工具坐标系设定方法

具体设定方法可参考项目2里面的操作步骤。

任务2　新建码垛程序

任务描述

本任务根据项目具体要求，编写对应的机器人运动程序。

任务目标

掌握机器人程序编写操作方法。

任务准备

1）HSR-JR612机器人1台，法兰面上安装好夹具并接通电源和气源。

2）机器人安装座1个。

3）安全围栏。

4）安全帽（操作人员佩戴）。

操作步骤

为实现零件的码垛功能，在完成任务规划、动作规划、路径规划后，可确定好零件码垛放置区的位置，开始对机器人码垛进行程序编写。

新建码垛程序的详细操作步骤见表4-3。

表4-3　新建码垛程序的操作步骤

序　号	步　骤	描　述	图　示
1	机器人上电	1）机器人上电 2）单击“基坐标”按钮	 手动　网络　报警　下午3:28 位置 J1 0.000 deg J4 0.000 deg E1 0.000 mm J2 0.000 deg J5 0.000 deg E2 0.000 mm J3 0.000 deg J6 0.000 deg E3 0.000 mm 手动参数 坐标模式　基坐标 J1 J2 J3
2	选择示教画面	1）单击“菜单”按钮 2）选择“示教”按钮	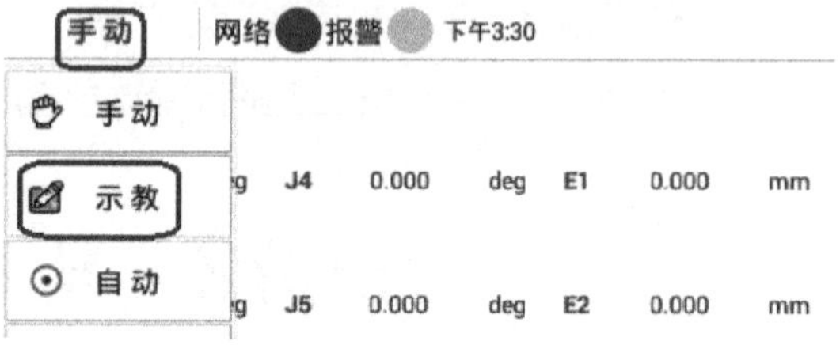 手动　网络　报警　下午3:30 手动 示教 自动 J4 0.000 deg E1 0.000 mm J5 0.000 deg E2 0.000 mm
3	新建程序	进入示教画面后单击“新建程序”按钮	 新建程序　打开程序　程序检查　保存　另存为　详情
4	输入程序名	1）在对话框中输入程序名“maduo” 2）单击“确认”按钮	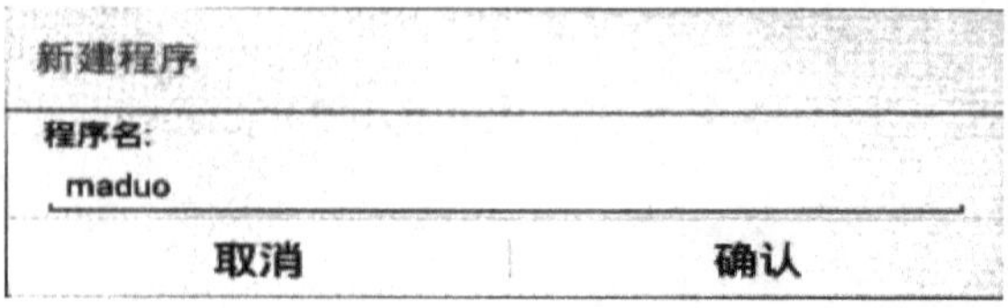 新建程序 程序名: maduo 取消　确认

（续）

序　号	步　骤	描　述	图　示
5	建好空白程序模板	程序名为maduo的程序模板已经建好，接下来按照“项目3搬运机器人”的程序建立步骤进行指令语句编辑	示教　网络　报警　15:05:10 程序名称: maduo 1: END
6	输入第1条运动指令语句	操作方法参考“项目3搬运机器人”的程序建立步骤	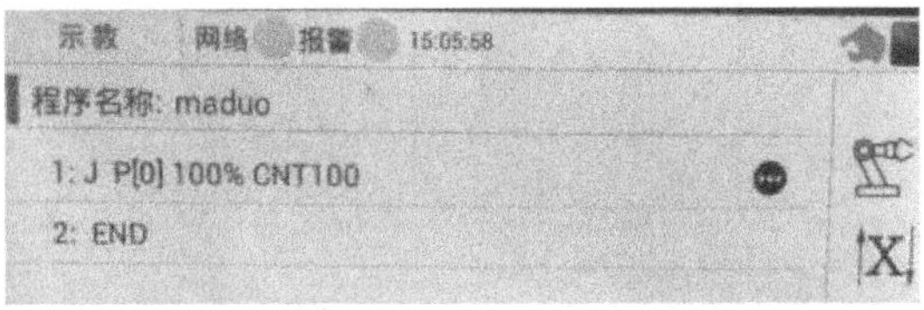 示教　网络　报警　15:05:58 程序名称: maduo 1: J P[0] 100% CNT100 2: END
7	输入剩余的指令语句	结合码垛机器人运动规划，指令语句编辑操作方法参考“项目3搬运机器人”的程序建立步骤	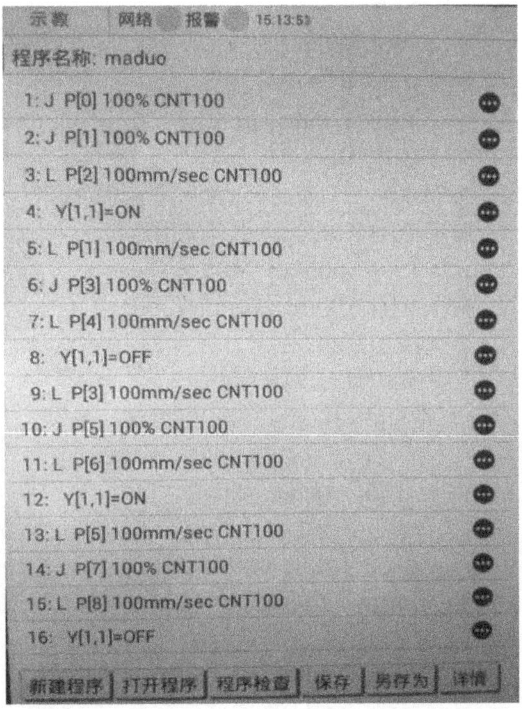 示教　网络　报警　15:13:51 程序名称: maduo 1: J P[0] 100% CNT100 2: J P[1] 100% CNT100 3: L P[2] 100mm/sec CNT100 4: Y[1,1]=ON 5: L P[1] 100mm/sec CNT100 6: J P[3] 100% CNT100 7: L P[4] 100mm/sec CNT100 8: Y[1,1]=OFF 9: L P[3] 100mm/sec CNT100 10: J P[5] 100% CNT100 11: L P[6] 100mm/sec CNT100 12: Y[1,1]=ON 13: L P[5] 100mm/sec CNT100 14: J P[7] 100% CNT100 15: L P[8] 100mm/sec CNT100 16: Y[1,1]=OFF 新建程序　打开程序　程序检查　保存　另存为　详情
8	程序检查	1）单击“程序检查”按钮 2）提示无异常后保存程序，如有异常则看那行是否语法有问题	 新建程序　打开程序　程序检查　保存　另存为　详情

序　号	步　骤	描　述	图　示
9	程序保存	1）单击“保存”按钮 2）显示程序保存成功	7: L P[4] 100mm/sec CNT100 8: Y[1,1]=OFF 程序maduo保存成功! 9: L P[3] 100mm/sec CNT100 10: J P[5] 100% CNT100 11: L P[6] 100mm/sec CNT100 12: Y[1,1]=ON 13: L P[5] 100mm/sec CNT100 14: J P[7] 100% CNT100 15: L P[8] 100mm/sec CNT100 16: Y[1,1]=OFF 新建程序 打开程序 程序检查 保存 另存为 详情

参考程序：

程序名：maduo

```
//码第一层
1: J P[0]  100% CNT100                    //回到动作开始点
2: J P[1]  100% CNT100                    //1号零件上方取料点
3: L P[2]  100mm/sec CNT100               //1号零件下方取料点
4: Y[1,1]=ON                              //夹具动作（夹紧零件）
5: WAIT X[1,1]=ON                         //等待零件夹紧到位
6: L P[1]  100mm/sec CNT100               //取到零件后直线抬起
7: J P[3]  100% CNT100                    //1号零件放置位置上方点
8: L P[4]  100mm/sec CNT100               //1号零件放置位置点
9: Y[1,1]=OFF                             //夹具动作（松开零件）
10: WAIT X[1,1]=OFF                       //等待零件松开到位
11: L P[3]  100mm/sec CNT100              //放好零件后直线移动抬起
12: J P[5]  100% CNT100                   //2号零件上方取料点
13: L P[6]  100mm/sec CNT100              //2号零件下方取料点
14: Y[1,1]=ON                             //夹具动作（夹紧零件）
15: WAIT X[1,1]=ON                        //等待零件夹紧到位
16: L P[5]  100mm/sec CNT100              //取到零件后直线抬起
17: J P[7]  100% CNT100                   //2号零件放置位置上方点
18: L P[8]  100mm/sec CNT100              //2号零件放置位置点
19: Y[1,1]=OFF                            //夹具动作（松开零件）
20: WAIT X[1,1]=OFF                       //等待零件松开到位
21: L P[7]  100mm/sec CNT100              //放料后直线移动抬起
22: J P[9]  100% CNT100                   //3号零件上方取料点
23: L P[10]  100mm/sec CNT100             //3号零件下方取料点
24: Y[1,1]=ON                             //夹具动作（夹紧零件）
25: WAIT X[1,1]=ON                        //等待零件夹紧到位
```

```
26: L P[9]  100mm/sec CNT100        //取到零件后直线抬起
27: J P[11]  100% CNT100            //3号零件放置位置上方点
28: L P[12]  100mm/sec CNT100       //3号零件放置位置点
29: Y[1,1]=OFF                      //夹具动作（松开零件）
30: WAIT X[1,1]=OFF                 //等待零件松开到位
31: L P[11]  100mm/sec CNT100       //放料后直线移动抬起
32: J P[13]  100% CNT100            //4号零件上方取料点
33: L P[14]  100mm/sec CNT100       //4号零件下方取料点
34: Y[1,1]=ON                       //夹具动作（夹紧零件）
35: WAIT X[1,1]=ON                  //等待零件夹紧到位
36: L P[13]  100mm/sec CNT100       //取到零件后直线抬起
37: J P[15]  100% CNT100            //4号零件放置位置上方点
38: L P[16]  100mm/sec CNT100       //4号零件放置位置点
39: Y[1,1]=OFF                      //夹具动作（松开零件）
40: WAIT X[1,1]=OFF                 //等待零件松开到位
41: L P[15]  100mm/sec CNT100       //放料后直线移动抬起
42: J P[17]  100% CNT100            //12号零件上方取料点
43: L P[18]  100mm/sec CNT100       //12号零件下方取料点
44: Y[1,1]=ON                       //夹具动作（夹紧零件）
45: WAIT X[1,1]=ON                  //等待零件夹紧到位
46: L P[17]  100mm/sec CNT100       //取到零件后直线抬起
47: J P[19]  100% CNT100            //12号零件放置位置上方点
48: L P[20]  100mm/sec CNT100       //12号零件放置位置点
49: Y[1,1]=OFF                      //夹具动作（松开零件）
50: WAIT X[1,1]=OFF                 //等待零件松开到位
51: L P[19]  100mm/sec CNT100       //放料后直线移动抬起
52: J P[21]  100% CNT100            //5号零件上方取料点
53: L P[22]  100mm/sec CNT100       //5号零件下方取料点
54: Y[1,1]=ON                       //夹具动作（夹紧零件）
55: WAIT X[1,1]=ON                  //等待零件夹紧到位
56: L P[21]  100mm/sec CNT100       //取到零件后直线抬起
57: J P[23]  100% CNT100            //5号零件放置位置上方点
58: L P[24]  100mm/sec CNT100       //5号零件放置位置点
59: Y[1,1]=OFF                      //夹具动作（松开零件）
60: WAIT X[1,1]=OFF                 //等待零件松开到位
61: L P[23]  100mm/sec CNT100       //放料后直线移动抬起
//码第二层
62: J P[25]  100% CNT100            //6号零件上方取料点
63: L P[26]  100mm/sec CNT100       //6号零件下方取料点
64: Y[1,1]=ON                       //夹具动作（夹紧零件）
65: WAIT X[1,1]=ON                  //等待零件夹紧到位
66: L P[25]  100mm/sec CNT100       //取到零件后直线抬起
67: J P[27]  100% CNT100            //6号零件放置位置上方点
```

```
68: L P[28] 100mm/sec CNT100          //6号零件放置位置点
69: Y[1,1]=OFF                        //夹具动作（松开零件）
70: WAIT X[1,1]=OFF                   //等待零件松开到位
71: L P[27] 100mm/sec CNT100          //放好零件后直线移动抬起
72: J P[29] 100% CNT100               //7号零件上方取料点
73: L P[30] 100mm/sec CNT100          //7号零件下方取料点
74: Y[1,1]=ON                         //夹具动作（夹紧零件）
75: WAIT X[1,1]=ON                    //等待零件夹紧到位
76: L P[29] 100mm/sec CNT100          //取到零件后直线抬起
77: J P[31] 100% CNT100               //7号零件放置位置上方点
78: L P[32] 100mm/sec CNT100          //7号零件放置位置点
79: Y[1,1]=OFF                        //夹具动作（松开零件）
80: WAIT X[1,1]=OFF                   //等待零件松开到位
81: L P[31] 100mm/sec CNT100          //放料后直线移动抬起
82: J P[33] 100% CNT100               //8号零件上方取料点
83: L P[34] 100mm/sec CNT100          //8号零件下方取料点
84: Y[1,1]=ON                         //夹具动作（夹紧零件）
85: WAIT X[1,1]=ON                    //等待零件夹紧到位
86: L P[33] 100mm/sec CNT100          //取到零件后直线抬起
87: J P[35] 100% CNT100               //8号零件放置位置上方点
88: L P[36] 100mm/sec CNT100          //8号零件放置位置点
89: Y[1,1]=OFF                        //夹具动作（松开零件）
90: WAIT X[1,1]=OFF                   //等待零件松开到位
91: L P[35] 100mm/sec CNT100          //放料后直线移动抬起
92: J P[37] 100% CNT100               //9号零件上方取料点
93: L P[38] 100mm/sec CNT100          //9号零件下方取料点
94: Y[1,1]=ON                         //夹具动作（夹紧零件）
95: WAIT X[1,1]=ON                    //等待零件夹紧到位
96: L P[37] 100mm/sec CNT100          //取到零件后直线抬起
97: J P[39] 100% CNT100               //9号零件放置位置上方点
98: L P[40] 100mm/sec CNT100          //9号零件放置位置点
99: Y[1,1]=OFF                        //夹具动作（松开零件）
100: WAIT X[1,1]=OFF                  //等待零件松开到位
101: L P[39] 100mm/sec CNT100         //放料后直线移动抬起
102: J P[41] 100% CNT100              //11号零件上方取料点
103: L P[42] 100mm/sec CNT100         //11号零件下方取料点
104: Y[1,1]=ON                        //夹具动作（夹紧零件）
105: WAIT X[1,1]=ON                   //等待零件夹紧到位
106: L P[41] 100mm/sec CNT100         //取到零件后直线抬起
107: J P[43] 100% CNT100              //11号零件放置位置上方点
108: L P[44] 100mm/sec CNT100         //11号零件放置位置点
109: Y[1,1]=OFF                       //夹具动作（松开零件）
110: WAIT X[1,1]=OFF                  //等待零件松开到位
```

```
111: L P[43] 100mm/sec CNT100          //放料后直线移动抬起
112: J P[46] 100% CNT100               //10号零件上方取料点
113: L P[47] 100mm/sec CNT100          //10号零件下方取料点
114: Y[1,1]=ON                         //夹具动作（夹紧零件）
115: WAIT X[1,1]=ON                    //等待零件夹紧到位
116: L P[46] 100mm/sec CNT100          //取到零件后直线抬起
117: J P[48] 100% CNT100               //10号零件放置位置上方点
118: L P[49] 100mm/sec CNT100          //10号零件放置位置点
119: Y[1,1]=OFF                        //夹具动作（松开零件）
120: WAIT X[1,1]=OFF                   //等待零件松开到位
121: L P[48] 100mm/sec CNT100          //放料后直线移动抬起
122: J P[0] 100% CNT100                //回到开始点
123: END
```

说明：参考程序中有输入指令WAIT X[1,1]=ON/OFF，现场工作站中因夹具没有安装感应开关，故现场程序没有该指令，默认夹具动作为夹紧到位或松开到位。

任务3　示教目标点

任务描述

本任务根据编辑好的程序，示教所有相对应的目标点位。

任务目标

掌握机器人点位示教的操作方法。

任务准备

1）HSR-JR612机器人1台，安装夹具，接通电源和气源。
2）机器人安装座1个、工作台1张、零件块12PCS。
3）程序已编写好。
4）安全围栏。
5）安全帽（操作人员佩戴）。

操作步骤

示教目标点的详细操作步骤见表4-4。

注意

进行以下步骤操作，操作人员需佩戴安全帽。

表4–4 示教目标点的操作步骤

序 号	步 骤	描 述	图 示
1	打开程序“maduo”	打开项目2编辑好的程序“maduo”	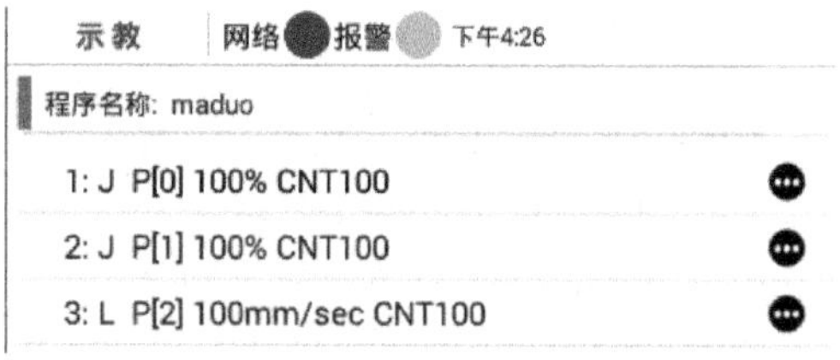 示教 网络 报警 下午4:26 程序名称：maduo 1: J P[0] 100% CNT100 2: J P[1] 100% CNT100 3: L P[2] 100mm/sec CNT100
2	移动机器人到开始点位置	参考机器人手动操作	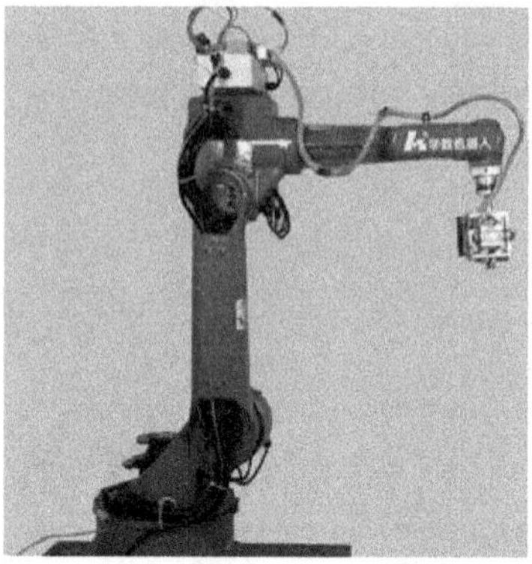
3	记录点位	1）单击P0语句后面的菜单 2）单击“替换位置”按钮	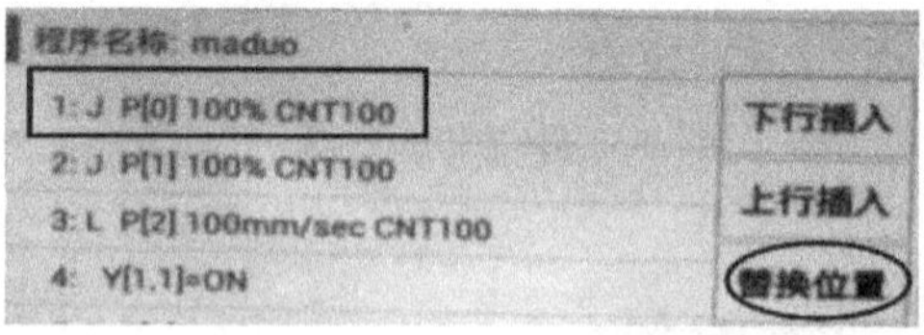 程序名称：maduo 1: J P[0] 100% CNT100 2: J P[1] 100% CNT100 3: L P[2] 100mm/sec CNT100 4: Y[1,1]=ON 下行插入 上行插入 替换位置
4	点位保存	将当前位置保存为P0点	 是否将P[0]替换为机器人当前位置? 取消 确定
5	移动机器人取零件上方位置	参考机器人手动操作	
6	记录点位	1）单击P1语句后面的菜单 2）单击“替换位置”按钮	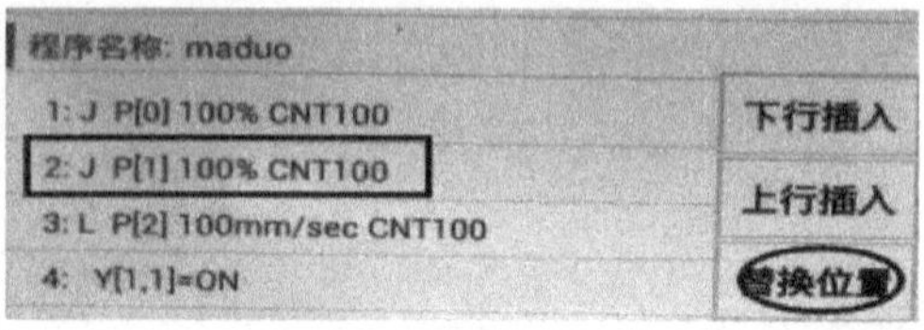 程序名称：maduo 1: J P[0] 100% CNT100 2: J P[1] 100% CNT100 3: L P[2] 100mm/sec CNT100 4: Y[1,1]=ON 下行插入 上行插入 替换位置

（续）

序 号	步 骤	描 述	图 示
7	点位保存	将当前位置保存为P1点	是否将P[1]替换为机器人当前位置? 取消 确定
8	继续示教P2～P49目标点位位置	操作方法同上，也可参考“项目3搬运机器人任务3示教目标点”	

任务4 调试码垛程序

任务描述

本任务根据编写好的机器人运动程序，对程序进行调试，所有目标点位置已经示教好。

任务目标

掌握机器人调试操作方法。

任务准备

1）HSR-JR612机器人1台，安装夹具，接通电源和气源。
2）机器人安装座1个、工作台1张、塑料块12PCS。
3）程序已编写好，目标点位已示教完。
4）安全围栏。
5）安全帽（操作人员佩戴）。

操作步骤

调试搬运程序的详细操作步骤见表4-5。

注意

进行以下步骤操作，操作人员需佩戴安全帽。

表4-5 调试搬运程序的操作步骤

序 号	步 骤	描 述	图 示
1	模式选择	通过菜单键选择“自动”模式	手动 示教 自动 寄存器 CNT100 CNT100 m/sec CNT100

（续）

序　号	步　骤	描　述	图　示
2	加载程序	单击画面最下面的“加载程序”按钮	 加载程序 单周模式 单步模式 显示模式 指定行
3	加载完成	程序“maduo”已被加载完成	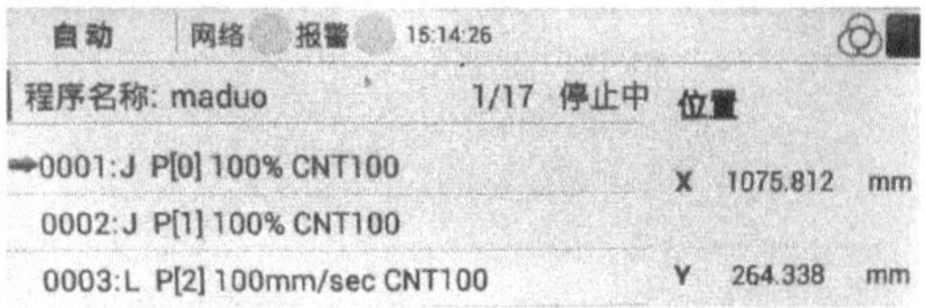 自动 网络 报警 15:14:26 程序名称: maduo 1/17 停止中 位置 ➡0001:J P[0] 100% CNT100 X 1075.812 mm 0002:J P[1] 100% CNT100 0003:L P[2] 100mm/sec CNT100 Y 264.338 mm
4	单步运行	单击“单步模式”按钮	 加载程序 单周模式 单步模式 显示模式 指定行
5	开始单步动作	单击示教器“开始动作”按钮，每单击一次，机器人程序执行一步	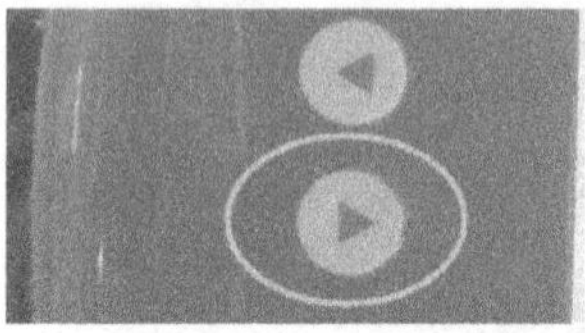
6	调整运行速度	可调整合适的运动速度	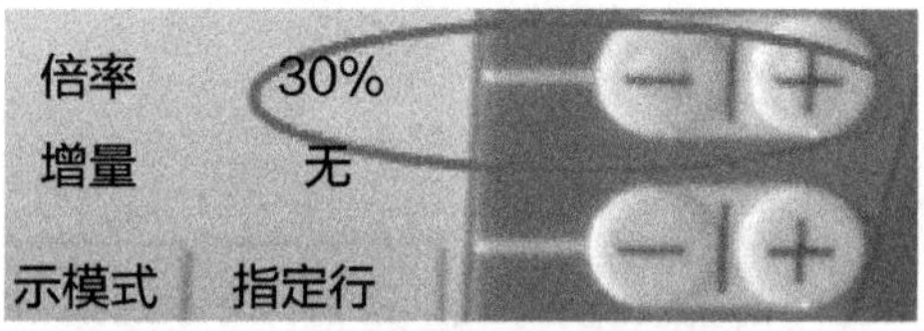 倍率 30% 增量 无 示模式 指定行
7	单周连续运行	单步调试无问题后进入连续运行模式	 加载程序 单周模式 连续模式 显示模式 指定行
8	开始单周连续动作	单击示教器“开始动作”按钮，程序开始执行	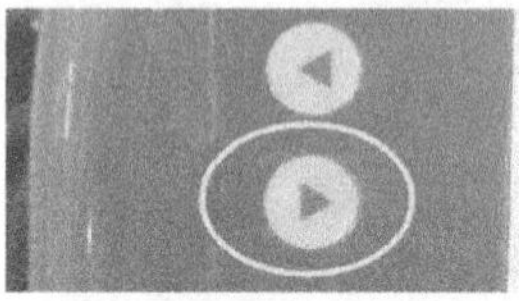
9	循环连续运行	单周连续运行无问题后进入循环连续运行模式	 加载程序 循环模式 连续模式 显示模式 指定行
10	开始循环连续动作	单击示教器“开始动作”按钮，程序开始执行	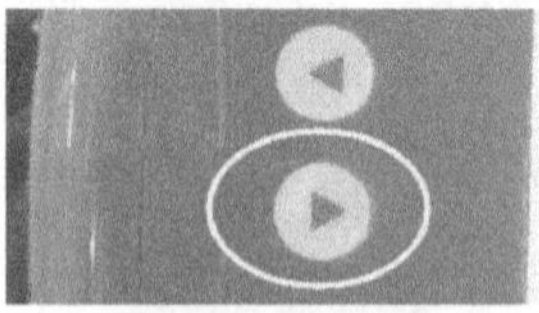
11	程序暂停与停止	单击示教器“暂停”按钮，程序暂停，单击“停止”按钮，程序停止	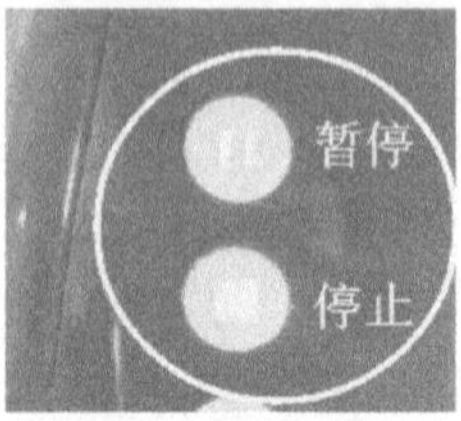 暂停 停止

任务5　自动运行码垛程序

任务描述

本任务根据调试好的程序开启自动运行。

任务目标

掌握机器人自动运行的操作方法。

任务准备

1）HSR-JR612机器人1台，安装夹具，接通电源和气源。
2）机器人安装座1个、工作台1张、塑料块12PCS。
3）程序已调试好。
4）安全围栏。
5）安全帽（操作人员佩戴）。

操作步骤

自动运行码垛程序的详细操作步骤见表4-6

注意

进行以下步骤操作，操作人员需佩戴安全帽。

表4-6　自动运行码垛程序的操作步骤

序　号	步　骤	描　述	图　示
1	模式选择	通过菜单键选择“自动”模式	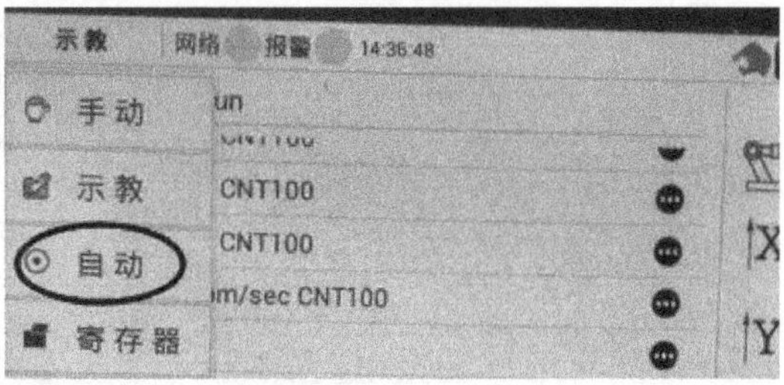
2	加载程序	单击画面最下面的“加载程序”按钮	

（续）

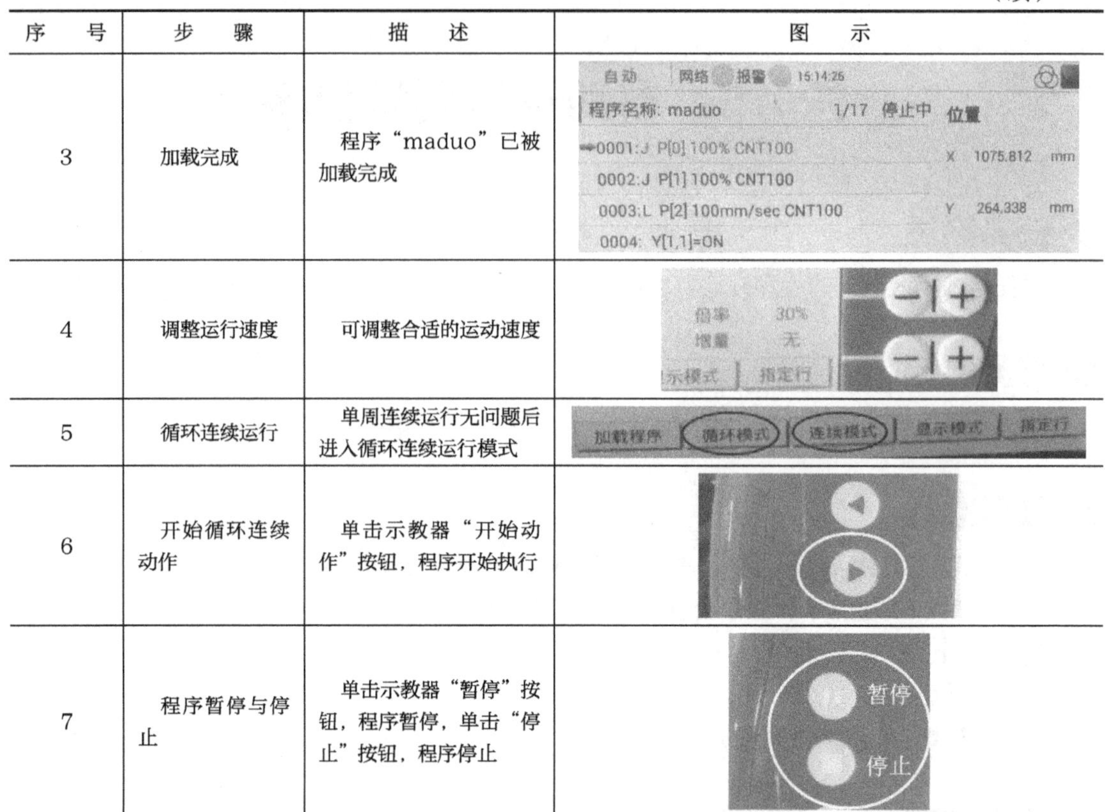

序　号	步　骤	描　述	图　示
3	加载完成	程序“maduo”已被加载完成	
4	调整运行速度	可调整合适的运动速度	
5	循环连续运行	单周连续运行无问题后进入循环连续运行模式	
6	开始循环连续动作	单击示教器“开始动作”按钮，程序开始执行	
7	程序暂停与停止	单击示教器“暂停”按钮，程序暂停，单击“止”按钮，程序停止	

项目评价

完成本学习项目后，请对学习过程和结果的质量进行评价和总结，并填写表4-7。自我评价由学习者本人填写，小组评价由组长填写，教师评价由任课教师填写。

表4-7　评价反馈表

班级		姓名		学号		日期	
学习任务名称:				在相应框内打√			
自我评价	序　号	评 价 标 准		评 价 结 果			
	1	能按时上、下课		□是　□否			
	2	着装规范		□是　□否			
	3	能独立完成任务书的填写		□是　□否			
	4	能利用网络资源、数据手册等查找有效信息		□是　□否			
	5	了解码垛机器人常见的应用		□是　□否			
	6	了解码垛工作站的组成		□是　□否			
	7	熟悉工作站动作规划的方法		□是　□否			
	8	能独立完成工作站程序编写		□是　□否			
	9	能独立完成工作站目标点示教		□是　□否			
	10	能独立完成工作站程序调试		□是　□否			
	11	能独立完成工作站程序运行		□是　□否			
	12	学习效果自评等级		□优　□良　□中　□差			
	13	经过本任务学习得到提高的技能有:					

（续）

	序　号	评价标准	评价结果
小组评价	1	在小组讨论中能积极发言	□优　□良　□中　□差
	2	能积极配合小组成员完成工作任务	□优　□良　□中　□差
	3	在任务中的角色表现	□优　□良　□中　□差
	4	能较好地与小组成员沟通	□优　□良　□中　□差
	5	安全意识与规范意识	□优　□良　□中　□差
	6	遵守课堂纪律	□优　□良　□中　□差
	7	积极参与汇报展示	□优　□良　□中　□差
	8	组长评语： 签名： 年　月　日	
教师评价	1	参与度	□优　□良　□中　□差
	2	责任感	□优　□良　□中　□差
	3	职业道德	□优　□良　□中　□差
	4	沟通能力	□优　□良　□中　□差
	5	团结协作能力	□优　□良　□中　□差
	6	理论知识掌握	□优　□良　□中　□差
	7	完成任务情况	□优　□良　□中　□差
	8	填写任务书情况	□优　□良　□中　□差
	9	教师评语： 签名： 年　月　日	

思考与拓展

在本项目中通过码垛机器人工作站的组成，熟悉码垛机器人的操作与编程，但在编程过程中，可以发现，编程工作量很大，而且很多语句都是重复出现。另外，也可以发现其实码垛是有规律的，可以根据产品的尺寸以及码垛间隙尺寸，来推算后面产品摆放的位置，如图4-5所示。

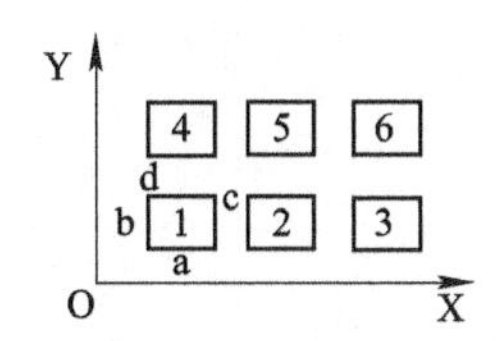

a、b为产品长、宽尺寸，c为X方向间隙尺寸，d为Y方向间隙尺寸。

图4-5　码垛产品摆放

假如确认了第1个产品的摆放位置为P1（x，y），那么第2个产品的摆放位置为P2（x+a+c，y），第3个产品的摆放位置为P3（x+2a+2c, y），第4个产品的摆放位置为P4（x, y+b+d），第5个产品的摆放位置为P5（x+a+c, y+b+d），第6个产品的摆放位置为P6（x+2a+2c, y+2b+2d）。在三维空间坐标系里，增加产品高度h的尺寸，每一层Z坐标轴增加的距离为h，如P1（x, y, z），在P1上面为P7，则为P7（x, y, z+h）。

在机器人实际应用中，一般码垛会有专门的码垛指令，只要在码垛指令参数里面设定相关参数，如码垛几行几列几层、产品尺寸、摆放方向、摆放间隙等，然后需要建立一个准确的工具坐标系和工件坐标系（视夹具形状和安装位置而定），这样只需要示教第一个产品的摆放位置，其他产品就在码垛指令执行下自动码垛起来，这将大大降低目标点位示教的工作量。

并不是所有机器人公司都做有专门的码垛指令，或者码垛指令需要额外付费开放（一般称码垛工艺包）。如果利用机器人控制系统里面的位置偏移指令“offset，PR[i]”（指令的意思是在当前位置上偏移PR[i]距离），如语句：L P[1] 1000mm/s fine offset, PR[i]表示在P[i]的基础上加上偏移量PR[i]后走到新的位置P[1]'，那么请思考，利用该指令是否可以简化编程?

课后练习题

1）运动指令中速度单位为“mm”时，表示按 ________ 作为定位的进给速度进行动作。

2）J P[i] 60% FINE，J表示 ______，P[i]表示 ____，60%表示 ________，FINE表示________。

3）简述工件坐标系三点标定的操作步骤。

4）根据图4-6所示的要求，完成机器人动作规划及编写和调试相应程序。

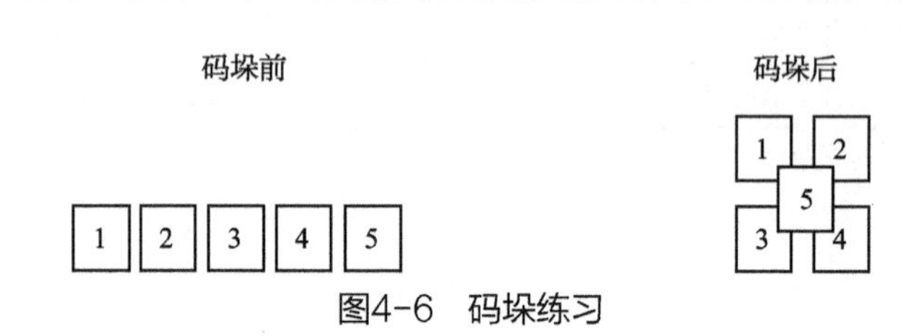

图4-6 码垛练习

项目5　焊接机器人工作站

知识点

- 掌握焊接机器人的操作方法。
- 掌握焊接机器人的特点及程序编写方法。
- 掌握焊接机器人工具坐标系的三点标定方法。
- 焊接机器人调试与运行。

技能点

- 根据焊接任务完成机器人的运动规划。
- 能标定工具坐标系。
- 焊接指令的使用。
- 焊接机器人工作站调试。

知识储备

一、焊接机器人的常见应用及特点

焊接机器人的应用主要集中在汽车、摩托车、工程机械、铁路机车等几个主要行业。汽车是焊接机器人的最大用户，也是最早用户，目前已广泛应用在汽车底盘、座椅骨架、导轨、消声器以及液力变矩器等焊接，尤其在汽车底盘焊接生产中得到了广泛的应用。

焊接机器人又分点焊和弧焊，点焊对焊接机器人的要求不是很高，因为点焊只须点位控制，至于焊钳在点与点之间的移动轨迹没有严格要求，这也是机器人最早只能用于点焊的原因。点焊用机器人不仅要有足够的负载能力，而且在点与点之间移位时速度要快捷，动作要平稳，定位要准确，以减少移位的时间，提高工作效率。弧焊过程比点焊过程要复杂得多，工具中心点（TCP）也就是焊丝端头的运动轨迹、焊炬姿态、焊接参数都要求精确控制。所以，弧焊用机器人除了前面所述的一般功能外，还必须具备一些适合弧焊要求的功能。

弧焊机器人在作“之”字形拐角焊或小直径圆焊缝焊接时，其轨迹除了应能贴近示教的轨迹之外，还应具备不同摆动样式的软件功能，供编程时选用，以便作摆动焊，而且摆动在每一周期中的停顿点处，机器人也应自动停止向前运动，以满足工艺要求。此外，还应有接触寻位、自动寻找焊缝起点位置、电弧跟踪及自动再引弧功能等。

弧焊机器人多采用气体保护焊方法（MAG、MIG、TIG），通常的晶闸管式、逆变式、波形控制式、脉冲或非脉冲式等的焊接电源都可以装到机器人上作电弧焊。由于机器人控制柜采用数字控制，而焊接电源多为模拟控制，所以需要在焊接电源与控制柜之间加一个接口。近年来，国外机器人生产厂都有自己特定的配套焊接设备，这些焊接设备内已经插入相应的接口板。应该指出，在弧焊机器人工作周期中电弧时间所占的比例较大，因此在选择焊接电源时，一般应按持续率100%来确定电源的容量。

送丝机构可以装在机器人的上臂上，也可以放在机器人之外，前者焊炬到送丝机之间的软管较短，有利于保持送丝的稳定性，而后者软管较长，当机器人把焊炬送到某些位置，使软管处于多弯曲状态，会严重影响送丝的质量。所以送丝机的安装方式一定要考虑保证送丝稳定性的问题。

二、华数焊接机器人工作站的组成及焊接机器人介绍

1. 焊接机器人的组成

焊接机器人主要包括工业机器人和焊接设备两部分。机器人由HSR-JR612机器人本体和控制柜组成，与前面搬运机器人、码垛机器人所使用的机器人本体是一样的。而焊接装备由北京华魏焊机和焊炬组成，如图5-1所示。

图5-1　焊接机器人工作站

2. 焊接机器人示教器介绍

焊接机器人的示教器与搬运机器人和码垛机器人的示教器外观不一样，软件界面也有所差别。

图5-2为焊接机器人示教器，外壳上的实体按键只有紧急停止按钮和钥匙开关，软件界面排版与前面几个项目所使用的示教器软件不一样，但其功能都是一样的。需特别注意的是，该版本示教器没有使能按钮，故机器人手动操作时，不需要按下使能按钮，直接在软件界面里单击相应的轴按钮机器人就会移动，所以操作时要注意安全。

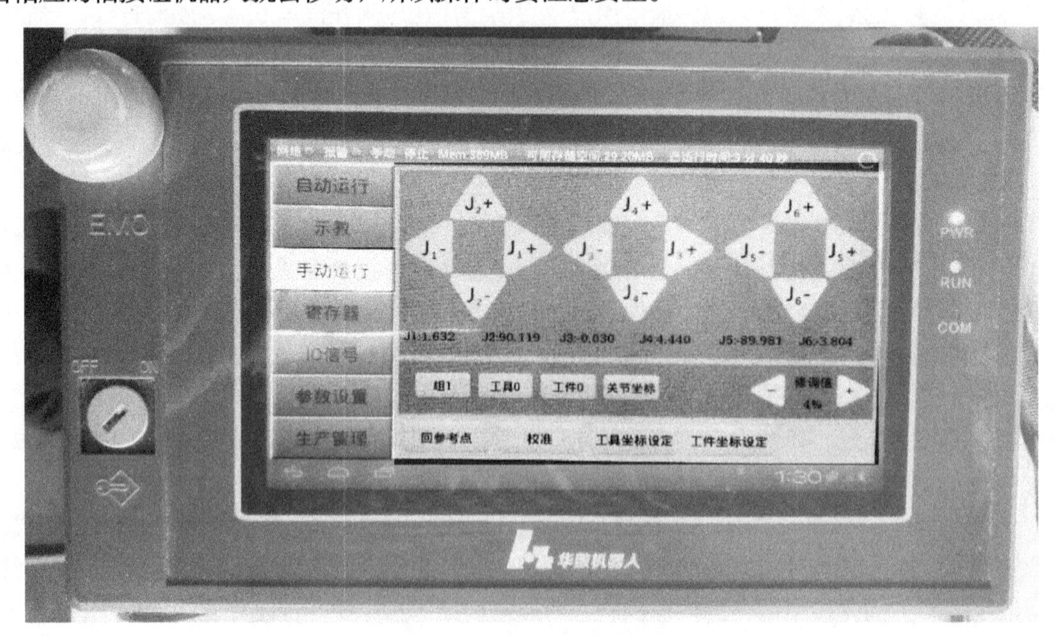

图5-2　焊接机器人示教器

三、工作站动作要求

让焊接机器人在工作台上的铁块上焊接4条焊缝，相邻焊缝不能在同一直线上，具体要求如下。

1）规划焊接机器人运动路径。

2）示教程序及机器人点位位置。

3）配置相应的I/O信号与焊接机通信（拓展）。

4）调试机器人程序让机器人自动完成动作。

任务1　焊接参数的选择与设定

任务描述

本任务通过了解机器人焊接工作原理，熟练掌握机器人焊接参数的选择与设定方法。

任务目标

1）掌握焊接机器人焊接参数的选择与设定方法。

2）对各种焊接工艺有基本了解。

任务准备

1）HSR-JR612焊接机器人1台，并接通电源。

2）机器人安装座1个。

3）焊机1台，并配好相关接线。

4）安全围栏。

5）安全帽（操作人员佩戴）。

知识储备

1. 焊接工艺方法及基本原理

焊接方法种类很多，按其过程、特点不同可分为压力焊、钎焊和熔焊三大类，其中压力焊和熔焊在汽车及零部件生产中应用非常广泛。

压力焊：压力焊是在加压条件下，使两工件在固态下实现原子间结合，又称固态焊接。常用的压力焊工艺是电阻对焊，当电流通过两工件的连接端时，该处因电阻很大而温度上升，当加热至塑性状态时，在轴向压力作用下连接成为一体。

钎焊：钎焊是使用比工件熔点低的金属材料作钎料，将工件和钎料加热到高于钎料熔点、低于工件熔点的温度，利用液态钎料润湿工件，填充接口间隙并与工件实现原子间的相互扩散，从而实现焊接的方法。

熔焊：熔焊是在焊接过程中将工件接口加热至熔化状态，不加压力完成焊接的方法。熔焊时，热源将待焊两工件接口处迅速加热熔化，形成熔池。熔池随热源向前移动，冷却后形成连续焊缝而将两工件连接成为一体。常见的熔焊有电弧焊、电渣焊、激光焊、电子束焊等。电弧焊又可分为熔化极焊和非熔化极焊或焊条既是电极又是填充金属（如CO_2气体保护焊）；非熔化极焊即电极不熔化。

在目前的工业生产中，CO_2气体保护焊由于其成本低，焊缝质量比较好，应用非常广泛。本项目焊接单元应用的就是基于CO_2气体保护焊的机器人自动焊接。

2. CO_2气体保护焊的焊接工艺

不同的被焊接金属材料（母材）、不同的板厚、不同的接头形式、不同的焊接位置和不同的焊缝尺寸等需要不同的焊接方法、焊接设备以及焊接技术。

（1）焊接板厚及接头形式

在CO_2气体保护焊中，由于焊件厚度、结构形式及使用不同，其接头形式及坡口形式也不相同。焊接接头的形式有多种，其中主要的基本接头形式可分为对接接头、T形接头、角接接头、搭接接头四种，如图5-3所示。有时焊接结构中还有其他类型的接头形式，如十字接头、端接接头、斜对接接头、锁底对接接头等。

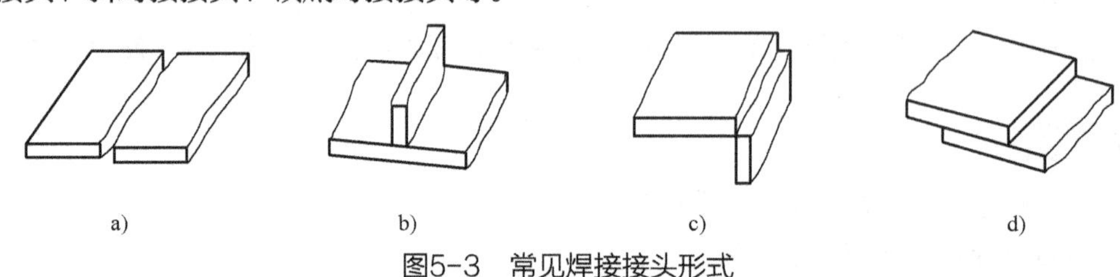

图5-3 常见焊接接头形式

a）对接接头 b）T形接头 c）角接接头 d）搭接接头

（2）影响CO_2气体保护焊的主要工艺参数

CO_2气体保护焊时，合理地选择焊接参数是保证焊缝质量、提高生产效率的重要条件。CO_2气体保护焊焊接的主要参数包括焊丝直径、焊接电流、电弧电压、焊接速度、焊丝伸出长度、电源极性、气体流量、焊炬倾角、电弧对中位置、喷嘴高度等。工艺参数选择的主要根据是工件焊缝形式和钢板厚度。

1）焊丝直径。焊丝直径越大，允许使用的焊接电流就越大，通常根据焊件的厚薄、施焊位置及效率等要求来选择。焊接薄板或中厚板的立、横、仰焊缝时，多采用直径1.6mm以下的焊丝。在具体的焊接过程中，焊丝直径的选择可参考表5-1。焊接电流相同时，熔深随着焊丝直径的减小而增加。焊丝直径对焊丝的熔化速度也有明显的影响。当电流相同时，焊丝越细熔敷速度越高。目前，普遍采用的焊丝直径是0.8mm、1.0mm、1.2mm和1.6mm等。

表5-1 焊丝直径的选择

焊丝直径/mm	焊件厚度/mm	施焊位置	熔滴过渡形式
0.8	1～3	各种位置	短路过渡
1.0	1.5～6	各种位置	短路过渡
1.2	2～12	各种位置	短路过渡
	中厚	平焊、平角焊	细颗粒过渡
1.6	6～25	各种位置	短路过渡
	中厚	平焊、平角焊	细颗粒过渡
2.0	中厚	平焊、平角焊	细颗粒过渡

2）焊接电流。焊接电流是CO_2气体保护焊重要焊接参数之一，应根据焊件厚度、材质、焊丝直径、施焊位置及要求的熔滴过渡形式来选择焊接电流的大小。对于薄板及中厚板全位置焊接，应选用短路过渡的焊接电流，对于厚板水平位置焊接，应选用细颗粒过渡或射流过渡的焊接电流。

焊丝直径与焊接电流的关系见表5-2。每种直径的焊丝都有一个合适的电流范围，只有在这个范围内焊接过程才能保持稳定进行。通常直径0.8～1.6mm的焊丝，短路过渡的焊接电流为40～230A；细颗粒过渡的焊接电流为250～500A。焊接电流的变化对焊缝成形产生影响，特别是对熔深有决定性影响。随着焊接电流的增加，熔深增加，熔宽略有增加，焊缝余高有所增加。但是应该注意，焊接电流过大时，容易引起烧穿、焊漏和产生裂纹等缺陷，且焊件的变形大，焊接过程中飞溅很大；而焊接电流过小时，容易产生未焊透、未熔合和夹渣等缺陷以及焊缝成形不良。通常在保证焊透、成形良好的条件下，尽可能地采用大的焊接电流，以提高生产效率。

表5-2　焊丝直径与焊接电流的关系

焊丝直径/mm	焊接电流/A
0.8	40～100
1.0	80～250
1.2	110～350
1.6	≥300

3）电弧电压。电弧电压是指从导电嘴到工件间的电压，是焊接的重要参数之一。电弧电压过高或过低，对焊缝成形、电弧稳定性、飞溅都有不利影响。为了保证焊缝成形良好，电弧电压与焊接电流必须匹配适当，通常焊接电流小时，电弧电压低，焊接电流大时，电弧电压高。

对于CO_2气体保护焊，焊接电流小于或等于200A时：

$$电弧电压=0.04I+16\pm1.5\ (V)$$

焊接电流大于200A时：电弧电压$=0.04I+20\pm2$（V）

焊接电压与电弧电压匹配是否适当，应根据焊接前试焊发出的声音、手感、焊缝成形、飞溅大小来判断，并进行修正。试焊时，飞溅较小，手感和声音柔和，焊接声音均匀、有规律，焊缝成形良好，说明焊接电压、电流和电弧电压匹配，否则，应进行重新调整。随着电弧电压的增加，焊缝熔深减少，焊缝增宽。

4）焊接速度。焊接速度是重要工艺参数之一。焊接时电弧将熔化金属吹开，在电弧下形成一个凹坑，随后将熔化的焊丝金属填充进去，若焊接速度太快，凹坑不能完全被填满，将产生咬边、下陷或未熔合，或由于保护气体破坏，将产生气孔；若焊接速度太慢时，熔敷金属堆积在电弧下方，熔深减少，产生焊缝不均匀，未熔合、未焊透等缺陷。在焊丝直径、焊接电流、电弧电压不变的条件下，焊接速度增加，熔宽与熔深都减小。如果焊接速度过高，除了产生咬边、未焊透、未熔合等缺陷外，由于保护效果变坏，还可能会出现气孔；若焊接速度过低，除了降低生产效率外，焊接变形将会增大。一般半自动焊时，焊接速度在5～60m/h范围内。

5）焊丝伸出长度。焊丝伸出长度是指从导电嘴端部到焊丝端头间的距离，又称干伸长。保持焊丝伸出长度不变是保证焊接过程稳定的基本条件之一，合适的焊丝伸出长度为焊丝直径的10～20倍。焊丝伸出长度相对于焊缝长度大会使焊接电流减小，飞溅大，母材熔深浅；焊丝伸出长度相对小会使电弧电压减少，焊接电流增加，熔深大，飞溅少；焊丝伸出长度过短时，妨碍观察电弧，影响操作，易因导电嘴过热夹住焊丝，甚至烧损导电嘴。焊丝伸出长度不是独立的焊接参数，通常焊工根据焊接电流和保护气流量确定喷嘴高度的同时，焊丝伸出长度也就确定了。

6）CO_2气体流量。CO_2气体保护焊时，保护效果不好，将产生气孔，甚至使焊缝成形变差。CO_2气体流量应根据对焊接区的保护效果来选取。流量的大小，取决于接头形式、焊接工艺参数以及作业环境等因素，过大或过小的气体流量均影响保护效果，使焊缝产生缺陷。通常采用直径小于1.6mm的焊丝焊接时，流量为5～15L/min；粗丝焊接时，约为20L/min。保护效果并不是流量越大越好。当保护气流量超过临界值时，从喷嘴中喷出的保护气会由层流变成紊流，会将空气卷入保护区，降低保护效果，使焊缝中出现气孔，增加合金元素的烧损。影响气体保护焊效果的主要因素是风，风速小于1.5m/s时，风对保护作用无影响，风速大于2m/s时，焊缝气孔明显增加。

7）焊炬倾角。焊接过程中焊炬轴线和焊缝轴线之间的夹角称为焊炬的倾斜角度，简称焊炬倾角，如图5-4所示。焊炬倾角是不容忽视的因数。焊炬倾角在80°～110°时，不论是前倾还是后倾，焊炬的倾角对焊接过程及焊缝成形都没有明显影响。倾角过大将对焊缝成形产生影响。如前倾角增大时，将增加熔宽和减少熔深，还会增加飞溅。当焊炬与焊件成后倾角时（电弧始终指向已焊部分），焊缝窄，余高大，熔深较大，焊缝成形不好；当焊炬与焊件成前倾角时（电弧始终指向待焊部分），焊缝宽，余高小，熔深较浅，焊缝成形好。CO_2气体保护焊时，通常采用左焊法，左焊法时，焊炬采用前倾角，不仅可得到较好的焊缝成形，而且能够清楚地观察和控制熔池。

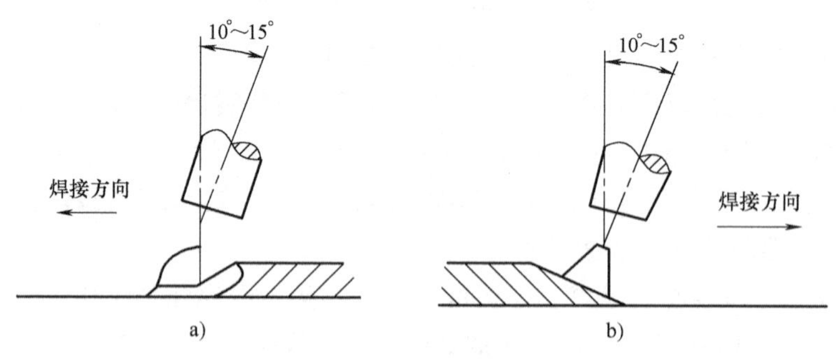

图5-4　焊炬倾角

a）左焊法　b）右焊法

（3）机器人CO_2气体保护焊工艺参数参考范围

机器人CO_2气体保护焊工艺参数参考范围见表5-3。

表5-3 推荐使用的焊接机器人工艺参数

接头形式	母材厚度/mm	坡口形式	焊接位置	焊丝直径/mm	焊接电流/A	电弧电压/V	气体流量/（L/min）	焊接速度/（cm/min）
对接接头	1～1.5	I形	平焊	1.0	75～80	17.7～18	10～12	20～30
			立焊			17.5～17.8		
	2～2.5		平焊	1.0	85～100	18.1～18.5	12～15	20～25
			立焊			17.7～18.1		
	3～4		平焊	1.0	100～130	18.5～19.7	15	20～30
			立焊		85～120	18～18.8	15	
	5～6	I形	平焊	1.0	120～140	19.3～20.1	15	25～35
			立焊		110～120	18.9～19.3	15	20～25
		V行或单边V行	平焊		110～130	18.9～19.7	15	25～30
			立焊		100～120	18.5～19.3	15	20～25
	8～12	I形	平焊	1.0	140～180	20.1～22	18	25～35
			立焊		120～130	19～19.7	18	20～25
		V行或单边V行	平焊		120～140	19.3～20.1	18	25～35
			立焊		110～120	18.5～19	18	20～25
T形接头	1～1.5	I形	平焊	1.0	75～85	17.7～18	10～12	20～30
			立焊		70～80	17.5～18		
	2～2.5		平焊	1.0	85～110	18.1～18.9	12～15	20～30
			立焊			17.7～18.5		
	3～4		平焊	1.0	100～130	18.5～19.7	15	25～35
			立焊		100～120	18.5～19.3	15	
	5～6	I形	平焊	1.0	120～150	19.3～20.5	15	25～40
			立焊		120～130	19.3～19.7	15	
		V行或单边V行	平焊		120～140	19.3～20.2	15	
			立焊		110～120	18.9～19.3	15	
	8～12	I形	平焊	1.0	140～180	20.1～22	18	25～40
			立焊		120～140	19.3～20.1	18	
		V行或单边V行	平焊		120～140	19.3～20.1	18	
			立焊		110～130	18.9～19.7	18	

焊接参数的选择与设定工具坐标系设置的详细操作步骤见表5-4。焊接设备参数设置见表5-5。

表5-4 焊接参数的选择与设定工具坐标系设置的操作步骤

序号	步骤	描述	图示
1	机器人上电	上电方式与搬运机器人一样	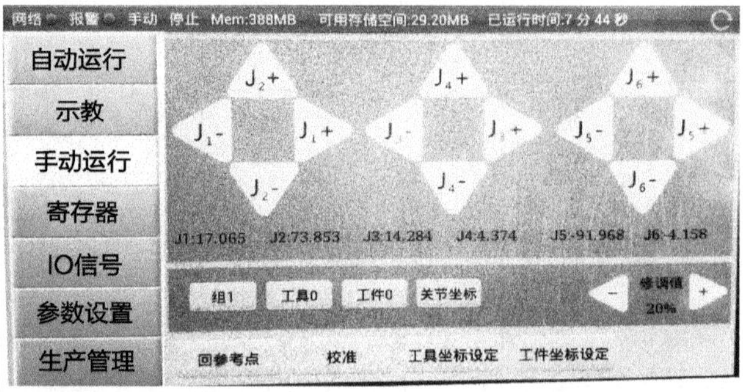
2	选择参数设置	单击左边菜单“参数设置”按钮	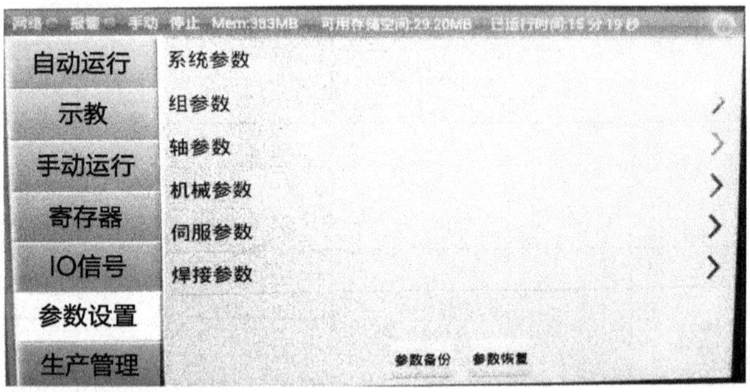
3	选择焊接参数	在弹出的画面中单击“焊接参数”按钮，再单击“焊接参数”按钮。参数设置见表5-4	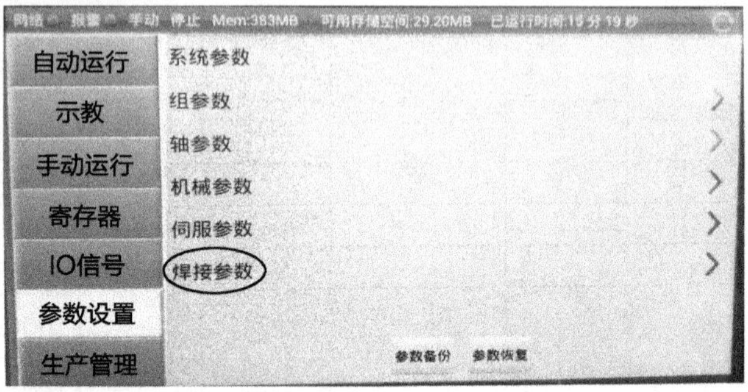

表5-5 焊接设备参数设置（焊丝直径为1mm）

参数号	参数内容	设定值
90010	焊炬开关信号Y[m, n]	2.6
90011	保护气开关信号Y[m, n]	2.0
90012	手动进丝信号Y[m, n]	2.5
90013	手动绕丝信号Y[m, n]	2.7
90014	电流检出信号X[m, n]	6
90015	电压给定模拟输出起始组Y[m]	4

（续）

参 数 号	参 数 内 容	设 定 值
90020	电压输出最大指令值/V	34.0
90021	电压输出最小指令值/V	13.0
90022	电压信号最大参考值/V	3.18
90023	电压信号最小参考值/V	0.97
90024	电压给定模拟输出起始组Y[m]/V	6
90031	电压输出最大指令值/V	350.0
90032	电压输出最小指令值/V	100.0
90033	电压信号最大参考值/V	9.58
90034	电压信号最小参考值/V	2.78

任务2　工具坐标系与工件坐标系设定

任务描述

本任务通过机器人焊接工具，设置机器人工具坐标及工件坐标。

任务目标

1）掌握焊接机器人工具坐标系的设置方法。

2）掌握焊接机器人工件坐标系的设置方法。

任务准备

1）HSR-JR612焊接机器人1台，并接通电源。

2）机器人安装座1个。

3）焊机1台，并配好相关接线。

4）安全围栏。

5）安全帽（操作人员佩戴）。

任务确认

在项目1、3、4中，对工具坐标系和工件坐标系的定义和用途做了说明，而且对坐标系的标定方法做了介绍。

由于项目3、4中所使用的工具相对于默认工具0，只是TCP位置改变，而坐标方向没有变，所以可以通过简单地修改轴坐标值的方法设定工具坐标系，或者采用三点法标定工具坐标系。但是当所使用的工具相对于工具0，TCP位置和坐标方向都发生改变时，需采用六点法标定工具坐标系。由于本项目所使用的焊炬，其TCP设定在焊炬底部的端点位置，相对于工具0的坐标方法没有改变，只是TCP相对于工具0的三个坐标值发生改变，所以可采用三点法设定工具坐标系。

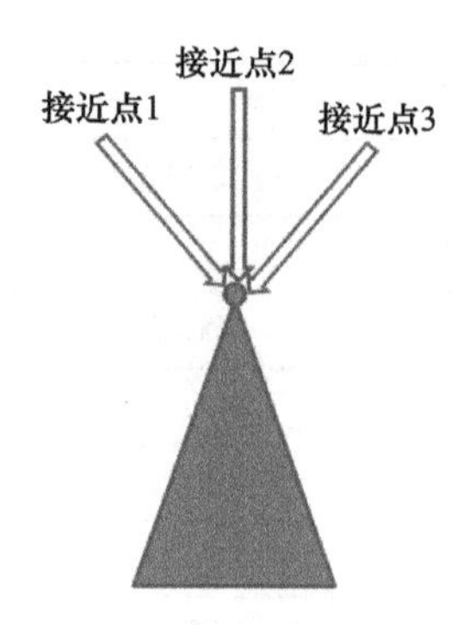

图5-5　TCP位置标定

本项目中，焊接的焊缝由若干直线段组成，这些直线的起点和终点既可以在工件坐标系中描述，也可以直接在基坐标系中描述，这时，无须设定工件坐标系，相当于使用工件坐标系0。

综上所述，本任务只做工具坐标系设置，工件坐标系采用基坐标系，不再另外设定。

如图5-5所示，采用三点法标定工具坐标系时，使工具从不同方向接触某一空间固定点，保证TCP位置不变，记录三个TCP位置标定点在基坐标系下的位姿，通过计算，即可得到工具中心点相对于工具0的位置。

≫ 操作步骤

工具坐标系设置的详细操作步骤见表5-6。

注意

进行以下步骤操作，操作人员需佩戴安全帽。

表5-6　工具坐标系设置的操作步骤

序　号	步　骤	描　述	图　示
1	选择手动运行画面	机器人上电后在左边菜单栏中单击“手动运行”按钮	
2	选择工具坐标设定	在软件画面下方按键中单击“工具坐标设定”按钮	

（续）

序号	步骤	描述	图示
3	选择工具坐标号	1）单击“工具2”按钮 2）单击“确认”按钮	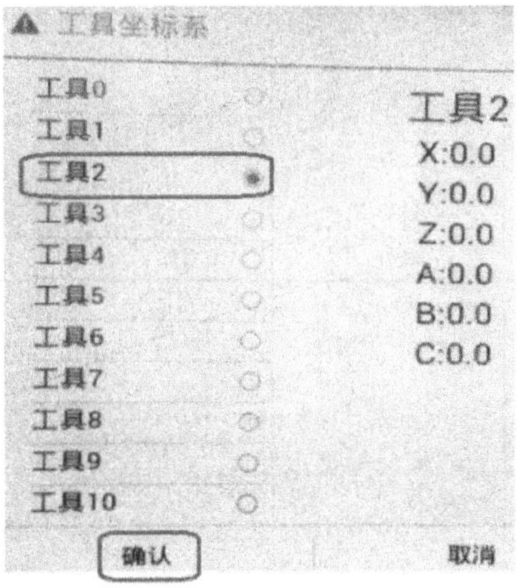
4	清除原来坐标系数据	1）单击“清除坐标”按钮 2）单击“坐标标定”按钮	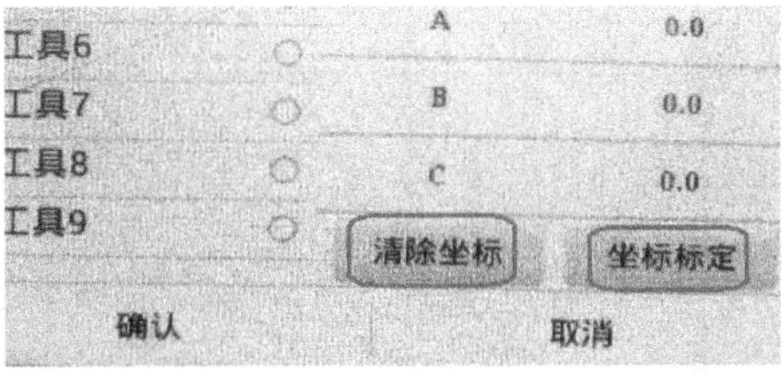
5	选择三点标定	选择“三点标定”方法	
6	选择接近点1	单击“接近点1”按钮	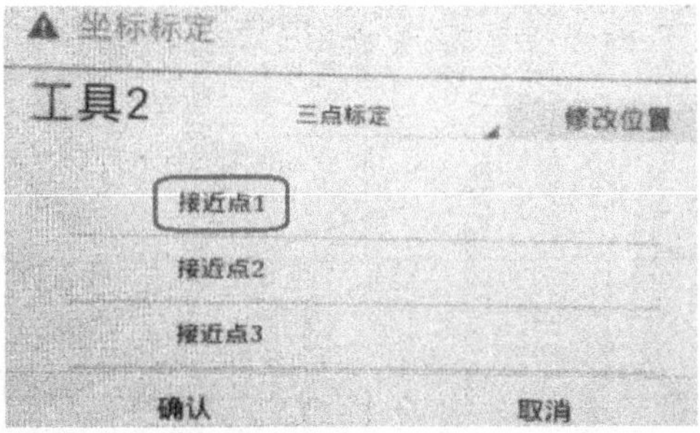
7	记录位置	1）移动机器人，使焊炬尖端接近一个尖端点 2）单击“记录位置”按钮	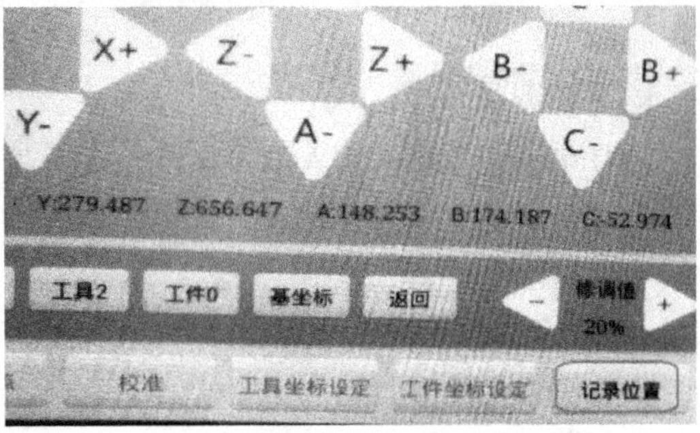

（续）

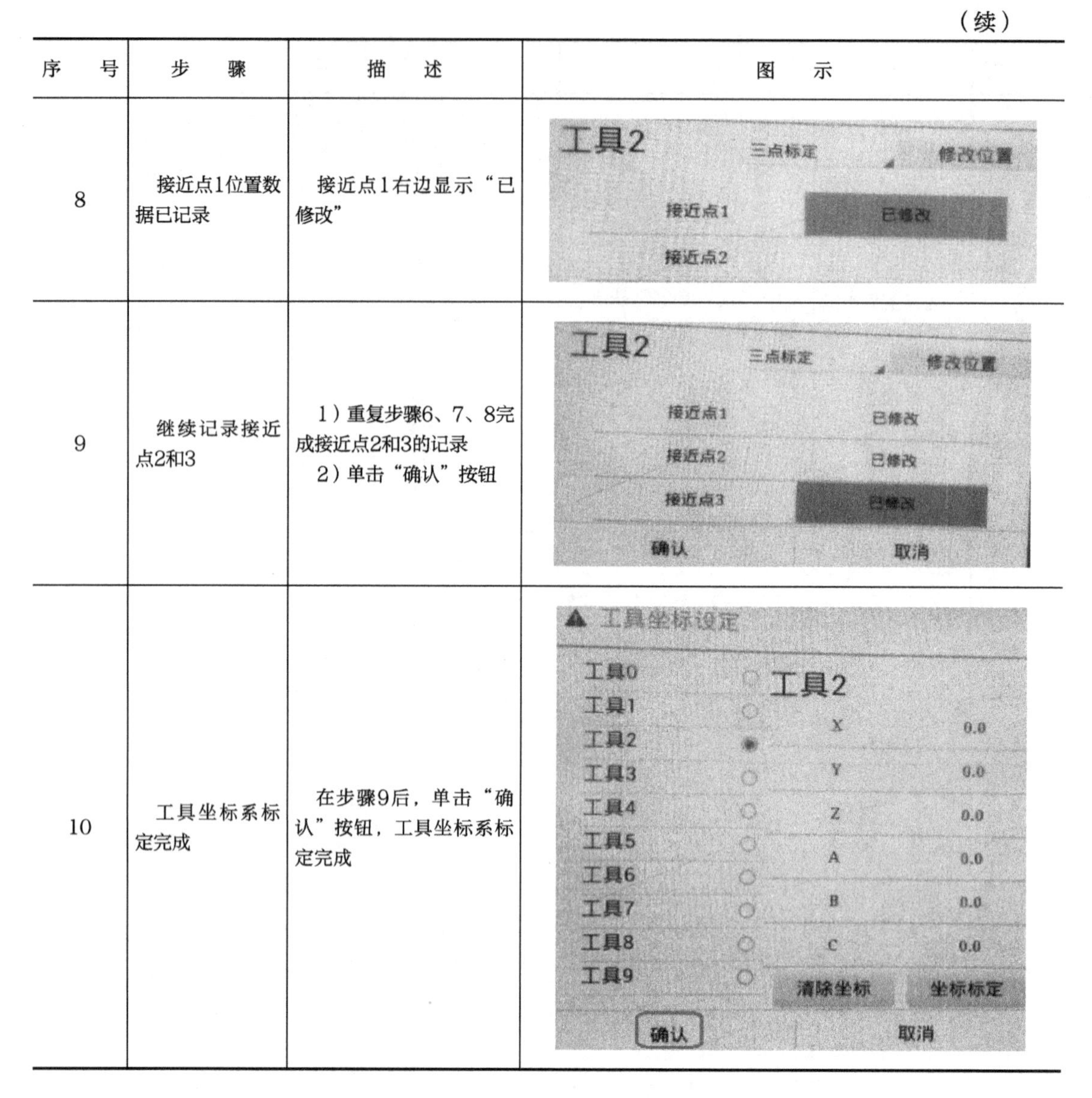

序号	步骤	描述	图示
8	接近点1位置数据已记录	接近点1右边显示“已修改”	
9	继续记录接近点2和3	1）重复步骤6、7、8完成接近点2和3的记录 2）单击“确认”按钮	
10	工具坐标系标定完成	在步骤9后，单击“确认”按钮，工具坐标系标定完成	

任务3　新建焊接程序

任务描述

本任务通过掌握机器人焊接指令，根据项目需求编写机器人焊接程序。

任务目标

1）掌握焊接指令的运用。

2）掌握机器人焊接动作规划。

3）掌握机器人程序编写操作方法。

任务准备

1）HSR-JR612焊接机器人1台，并接通电源。

2）机器人安装座1个。

3）焊机1台，并配好相关接线。

4）安全围栏。

5）安全帽（操作人员佩戴）。

知识储备

1. 焊接相关指令介绍

（1）起弧指令：Arc_Start [V, A]

V：起弧电压为0.0～50.0 V；

A：焊接电流为0.0～450.0 A。

（2）收弧指令：Arc_End [V, A，sec]

V：起弧电压为0.0～50.0 V；

A：焊接电流为0.0～450.0 A；

sec：收弧时间为0.0～9.9s。

（3）标签指令：LBL [i]

标签指令用于指定程序执行的分支跳转的目标。

标签一经执行，对于条件指令、等待指令和无条件跳转指令都是适用的。不能把标签序号指定为间接寻址（如LBL [R [i]]）。

（4）无条件跳转指令：JMP LBL [i]

无条件跳转指令是指在同一个程序中，无条件地从程序的一行跳转到另外一行去执行，即将程序控制转移到指定的标签。

2. 焊接动作规划

机器人焊缝轨迹如图5-6所示。

图5-6 焊缝轨迹

机器人焊接动作规划如图5-7所示。

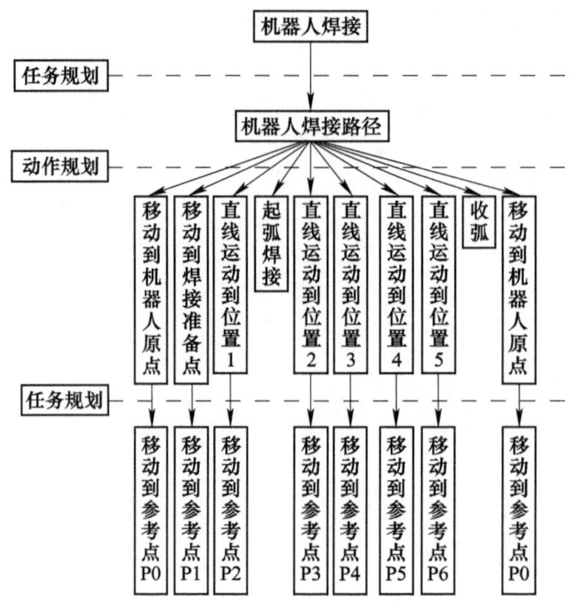

图5-7　焊接动作规划

3. IO配置

焊接机器人与焊接电源的I/O配置见表5-7。

表5-7　I/O配置

序　　号	PLC地址	焊 机 信 号	功 能 说 明
1	Y2.0	黑5	检气控制
2	Y2.1	综6	焊丝直径选择
3	Y2.2	综7	焊丝直径选择
4	Y2.3	综8	有无脉冲选择
5	Y2.4	综10	单双脉冲选择
6	Y2.5	蓝11	点动送丝
7	Y2.6	蓝12	焊接启动
8	Y2.7	绿21	点动退丝
9	DA1	黑1	焊接电压调节
10	DA2	黑2	焊接电流调节

操作步骤

新建焊接程序的详细操作步骤见表5-8。

表5–8　新建焊接程序的操作步骤

序　号	步　骤	描　述	图　示
1	选择示教画面	机器人上电后选择“示教”画面	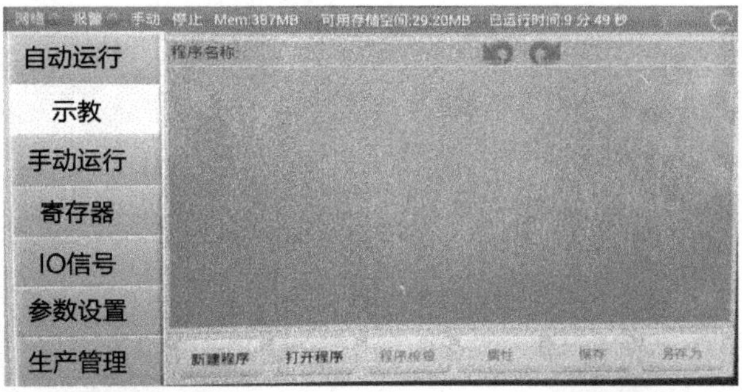
2	新建程序	1）单击“新建程序”按钮 2）输入程序名“hanjie” 3）单击“确认”按钮	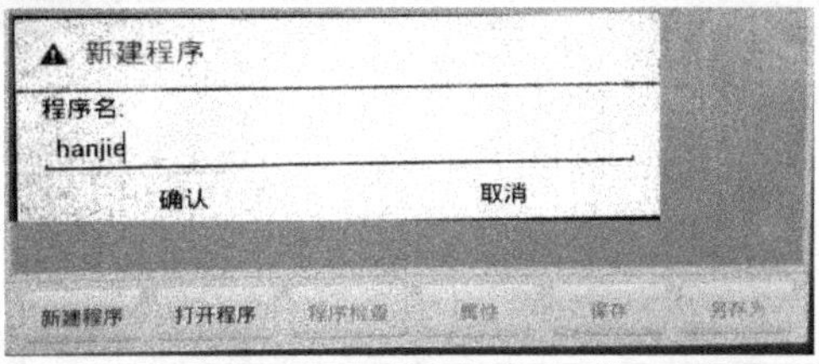
3	插入指令	1）长按“END”语句 2）单击“上行插入”按钮 3）单击“I/O指令”按钮	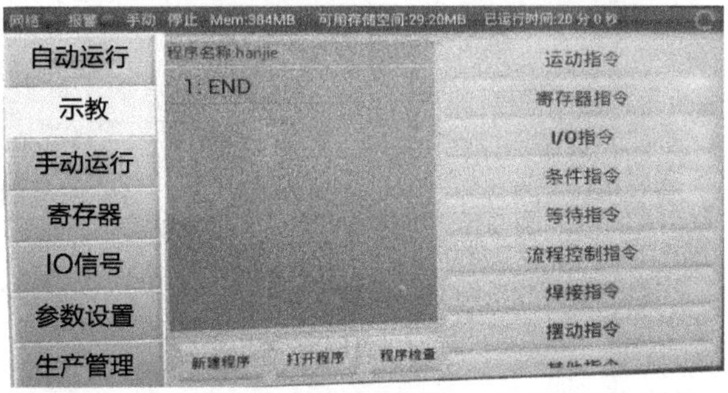
4	完成I/O指令输入	1）单击Y[…, …, …]按钮 2）第1个…输入“2” 3）第2个…输入“3” 4）第3个…输入“ON”	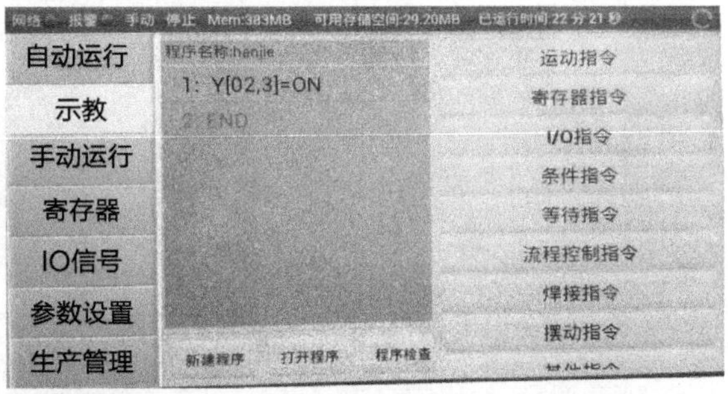
5	插入指令	1）长按“Y[02, 3]=ON”语句 2）单击“下行插入”按钮 3）单击“寄存器指令”按钮	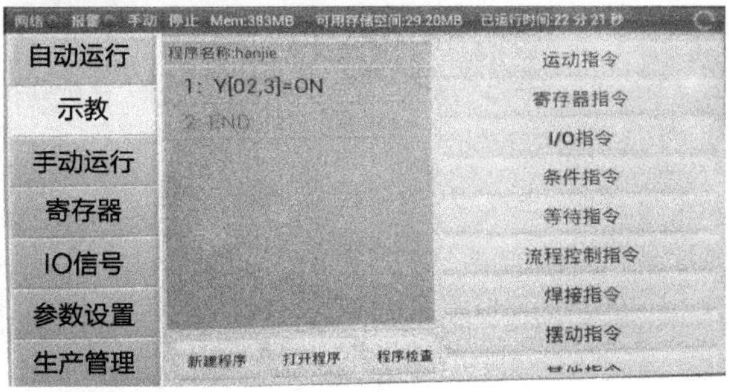

（续）

序　号	步　骤	描　述	图　示
6	寄存器指令选择	选择“R[…]”选项	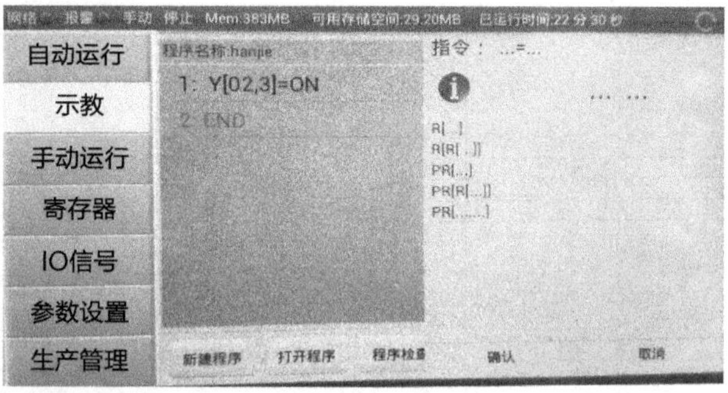
7	参数编辑	1）寄存器号输入“0” 2）数值输入“20”	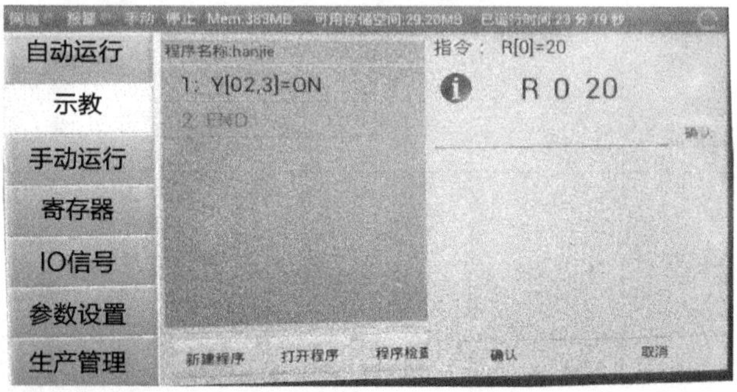
8	完成寄存器指令输入	完成“R[0]=20”输入	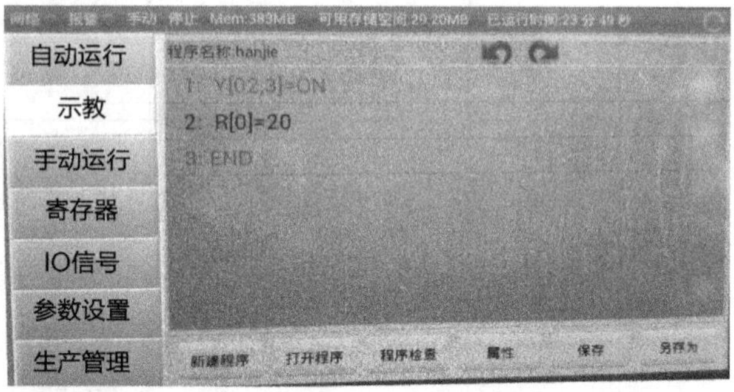
9	插入指令	1）长按“R[0]=20”语句 2）单击“下行插入”按钮 3）单击“寄存器指令”按钮	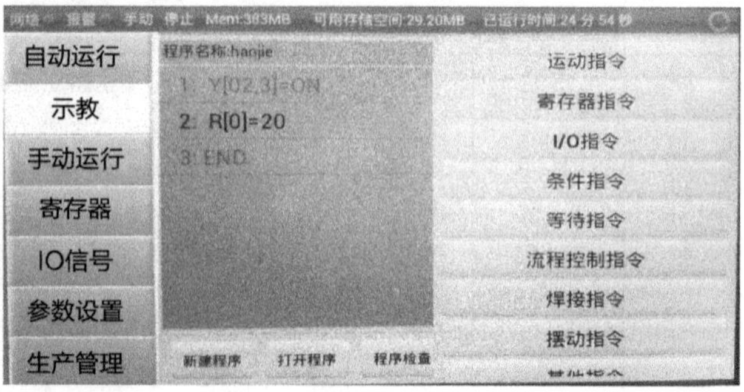

（续）

序号	步骤	描述	图示
10	流程控制指令选择	选择“LBL[…]”标签指令	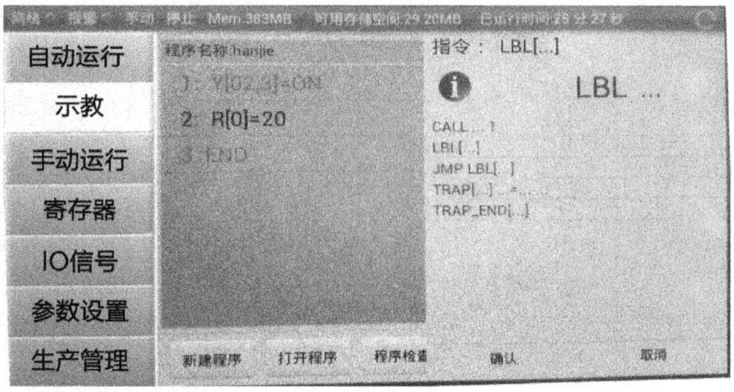
11	参数编辑	1）标签号输入“1” 2）单击“确认”按钮	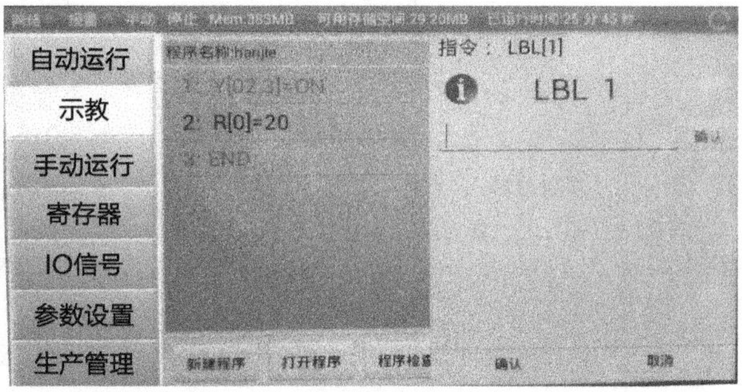
12	完成标签指令输入	完成“LBL[1]”输入	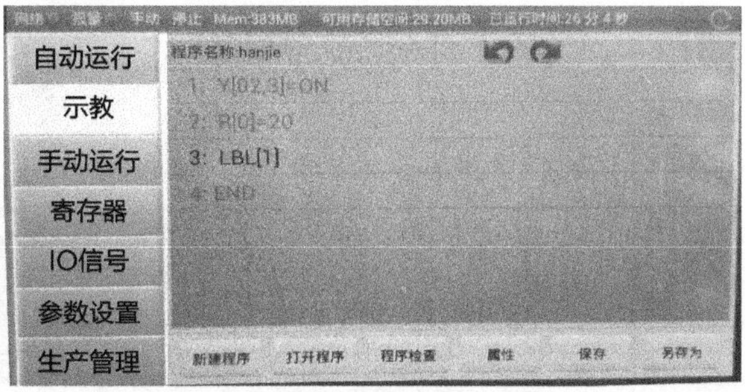
13	插入指令	1）长按“LBL[1]”语句 2）单击“下行插入”按钮 3）单击“寄存器指令”按钮	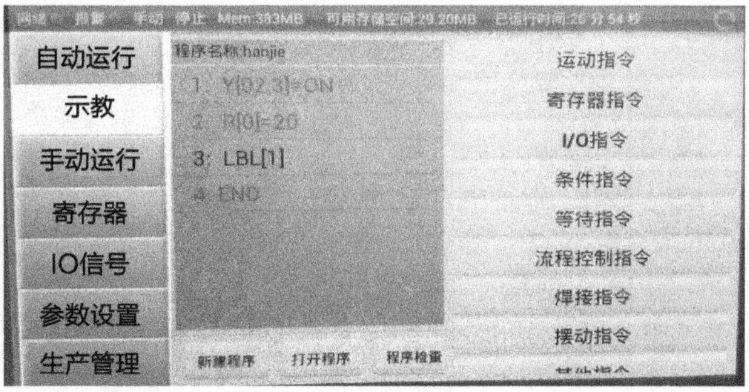

（续）

序　号	步　骤	描　述	图　示
14	运动指令选择	选择“J”关节运动指令	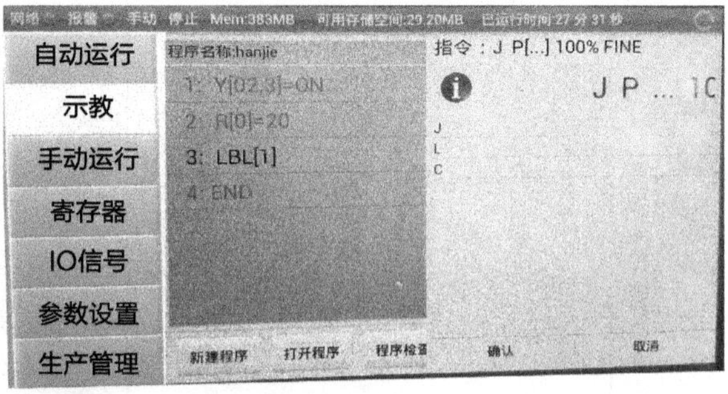
15	参数编辑	1）位置号输入“0” 2）其他参数默认 3）单击下方的“确认”按钮	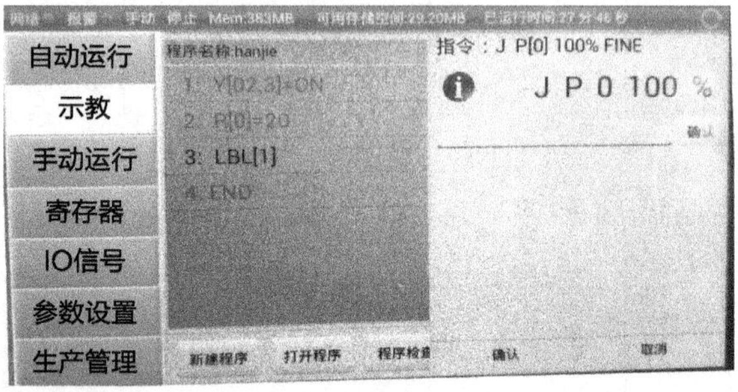
16	完成运动指令输入	完成“J P[0] 100% FINE”输入	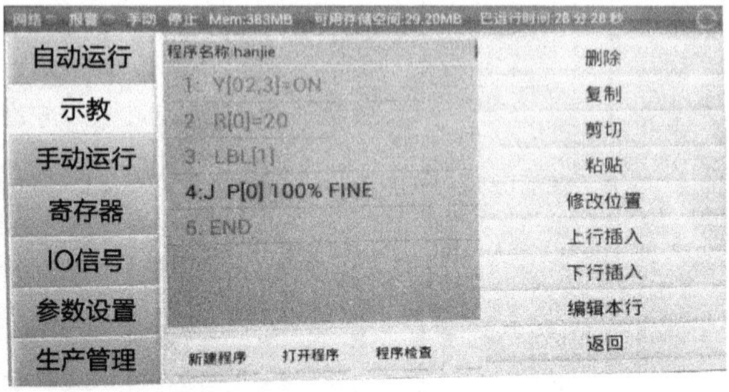
17	完成P[1]、P[2]点运动指令输入	参考步骤13～16	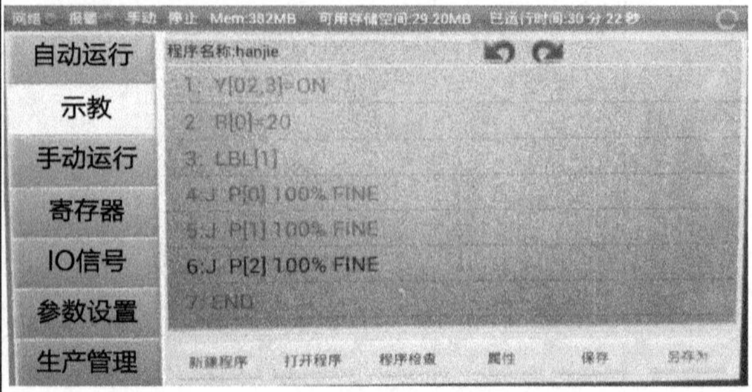

（续）

序　号	步　骤	描　述	图　示
18	插入指令	1）长按“J P[2] 100% FINE”语句 2）单击“下行插入”按钮 3）单击“焊接指令”按钮	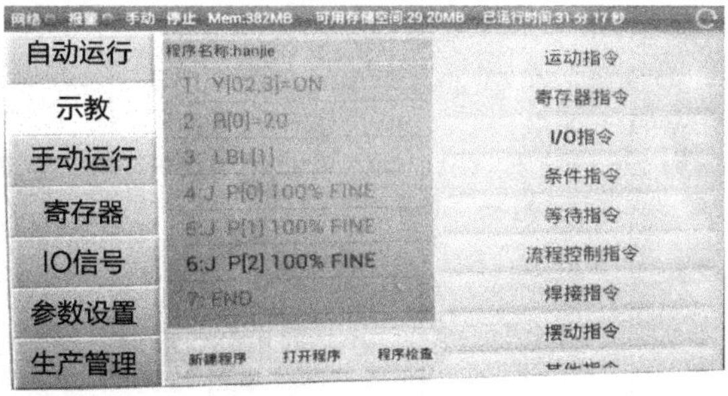
19	焊接指令选择	选择“Arc_Start[…V,…A]”指令	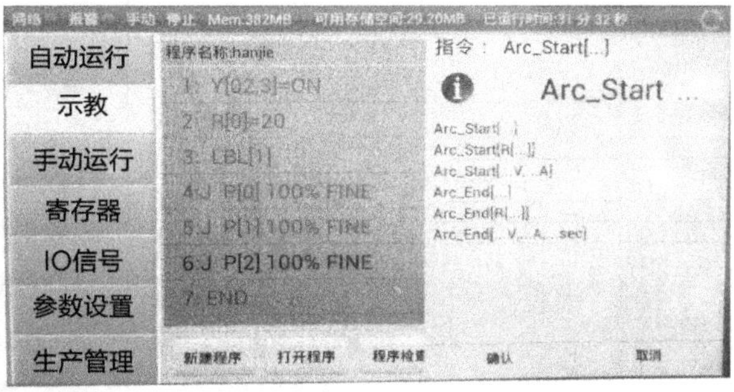
20	指令输入完成	1）电压V输入“24” 2）电流A输入“200” 3）单击“确认”按钮	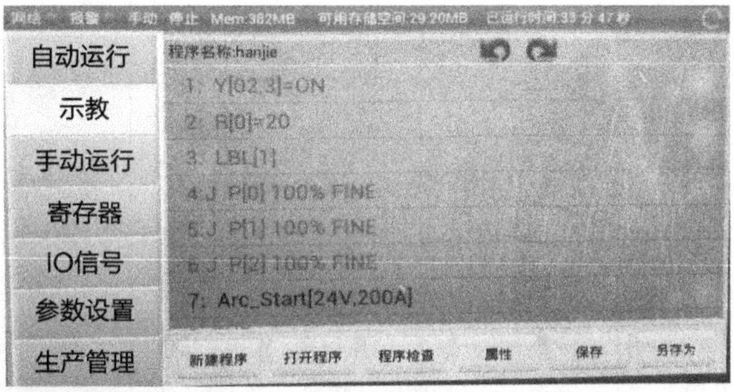
21	完成P[3]、P[4]、P[5]、P[6]点运动指令输入	参考步骤13～16	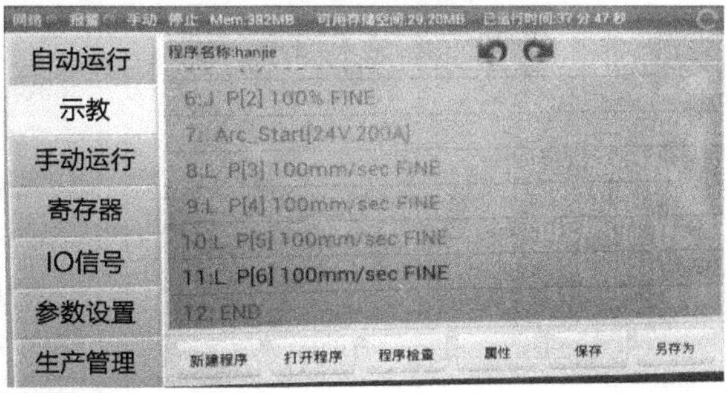

（续）

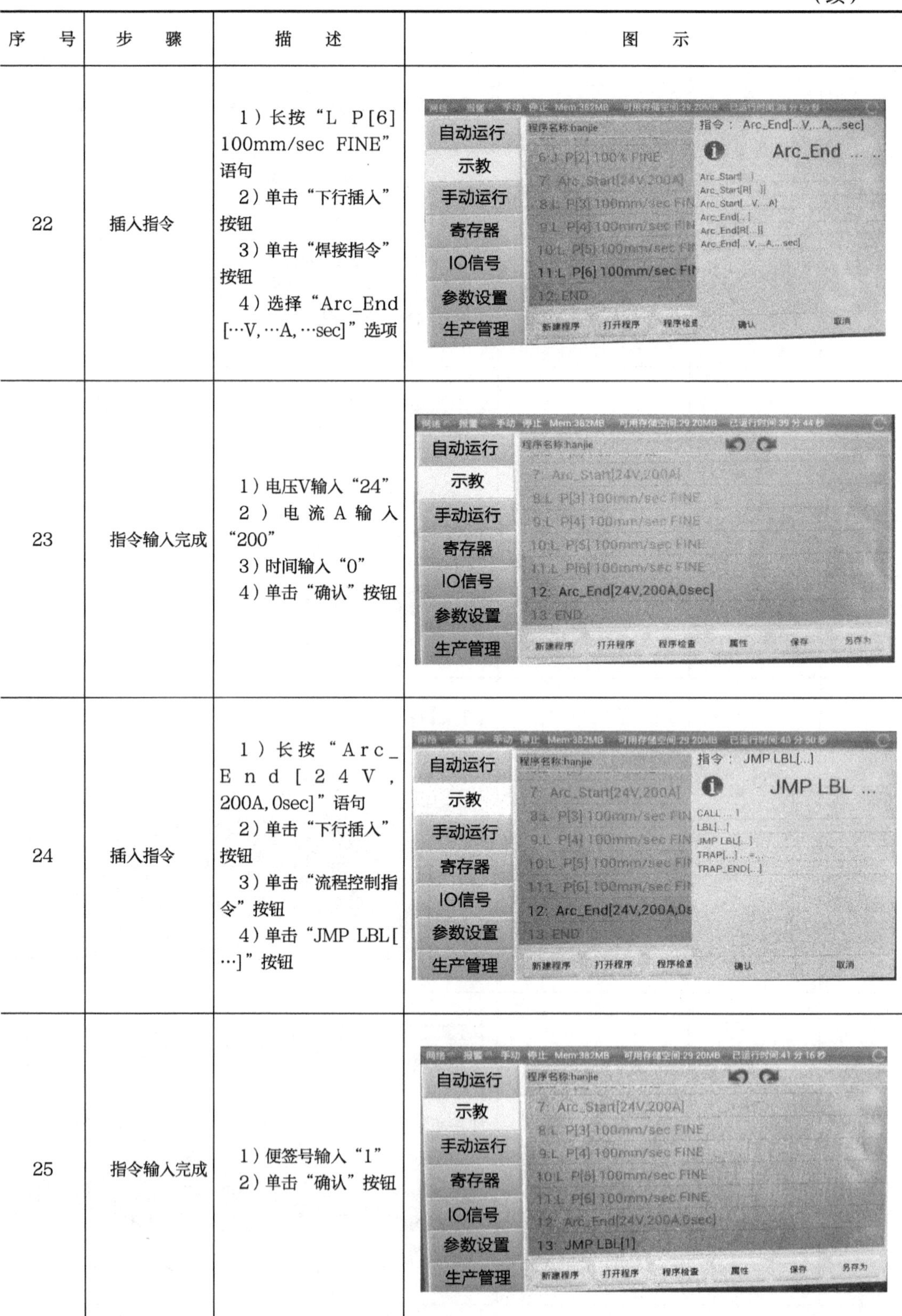

序号	步骤	描述	图示
22	插入指令	1）长按“L P[6] 100mm/sec FINE”语句 2）单击“下行插入”按钮 3）单击“焊接指令”按钮 4）选择“Arc_End[…V, …A, …sec]”选项	
23	指令输入完成	1）电压V输入“24” 2）电流A输入“200” 3）时间输入“0” 4）单击“确认”按钮	
24	插入指令	1）长按“Arc_End[24V, 200A, 0sec]”语句 2）单击“下行插入”按钮 3）单击“流程控制指令”按钮 4）单击“JMP LBL[…]”按钮	
25	指令输入完成	1）便签号输入“1” 2）单击“确认”按钮	

（续）

序号	步骤	描述	图示
26	程序检查	1）单击“程序检查”按钮 2）画面显示“程序通过检查”	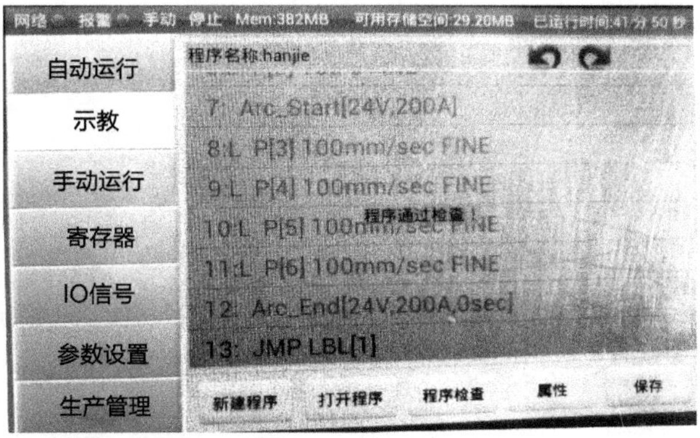 网络 报警 手动 停止 Mem:382MB 可用存储空间:29.20MB 已运行时间:41分50秒 自动运行 示教 手动运行 寄存器 IO信号 参数设置 生产管理 程序名称:hanjie 7: Arc_Start[24V,200A] 8:L P[3] 100mm/sec FINE 9:L P[4] 100mm/sec FINE 10:L P[5] 100mm/sec FINE 程序通过检查！ 11:L P[6] 100mm/sec FINE 12: Arc_End[24V,200A,0sec] 13: JMP LBL[1] 新建程序 打开程序 程序检查 属性 保存
27	程序保存	1）单击“保存”按钮 2）画面显示“文件hanjie保存成功”	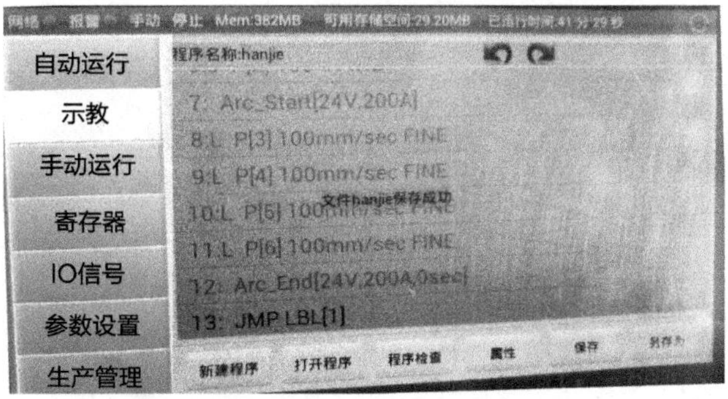 网络 报警 手动 停止 Mem:382MB 可用存储空间:29.20MB 已运行时间:41分29秒 自动运行 示教 手动运行 寄存器 IO信号 参数设置 生产管理 程序名称:hanjie 7: Arc_Start[24V,200A] 8:L P[3] 100mm/sec FINE 9:L P[4] 100mm/sec FINE 10:L P[5] 100mm/sec FINE 文件hanjie保存成功 11:L P[6] 100mm/sec FINE 12: Arc_End[24V,200A,0sec] 13: JMP LBL[1] 新建程序 打开程序 程序检查 属性 保存 另存为

参考程序：

程序名：hanjie

1: Y[02, 3]=ON

2: R[0]=20

3: LBL[1]

4: J P[0] 100% FINE

5: J P[1] 100% FINE

6: L P[2] 100mm/sec FINE

7: Arc_Start[24V, 200A]

8: L P[3] 100mm/sec FINE

9: L P[4] 100mm/sec FINE

10: L P[5] 100mm/sec FINE

11: L P[6] 100mm/sec FINE

12: Arc_End[24V, 200A, 0sec]

13: JMP LBL[1]

14: END

任务4　示教焊接程序

任务描述

本任务根据编辑好的程序，示教所有相对应目标点位。

任务目标

掌握机器人点位示教的操作方法。

任务准备

1）HSR-JR612焊接机器人1台，安装夹具，接通电源。
2）程序已编写好。
3）焊机1台，并配好相关接线。
4）安全围栏。
5）安全帽（操作人员佩戴）。

操作步骤

示教焊接程序的详细操作步骤见表5-9。

注意

进行以下步骤操作，操作人员需佩戴安全帽。

表5-9　示教焊接程序的操作步骤

序　号	步　骤	描　述	图　示
1	打开程序	在示教画面打开"hanjie"程序	自动运行 示教 手动运行 寄存器 IO信号 参数设置 生产管理 程序名称:hanjie 7: Arc_Start[24V,200A] 8:L P[3] 100mm/sec FINE 9:L P[4] 100mm/sec FINE 10:L P[5] 100mm/sec FINE 11:L P[6] 100mm/sec FINE 12: Arc_End[24V,200A,0sec] 13: JMP LBL[1] 新建程序 打开程序 程序检查 属性 保存 另存为
2	移动机器人	移动机器人至P[0]点位置	

（续）

序号	步骤	描述	图示
3	保存位置	1）长按“J P[0] 100 FINE”项 2）在弹出的菜单中单击“修改位置”按钮 3）单击“确认”按钮	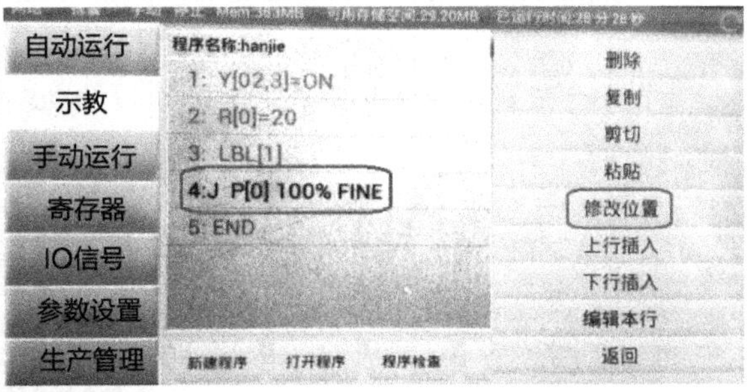
4	继续示教其他点位	按照步骤2和3，继续示教P[1]～P[6]点位	

任务5　自动运行焊接程序

≫ 任务描述

本任务根据编写好的机器人运动程序对程序进行调试运行，所有目标点已经示教好。

≫ 任务目标

掌握机器人调试操作方法。

≫ 任务准备

1）HSR-JR612焊接机器人1台，安装夹具，接通电源。
2）程序已编写好，点位已示教好。
3）焊机1台，并配好相关接线。
4）安全围栏。
5）安全帽（操作人员佩戴）。

≫ 操作步骤

自动运行焊接程序的详细操作步骤见表5-10。

注意

进行以下步骤操作，操作人员需佩戴安全帽。

表5-10　自动运行焊接程序的操作步骤

序　号	步　骤	描　述	图　示
1	画面切换	在左边菜单栏单击“自动运行”按钮	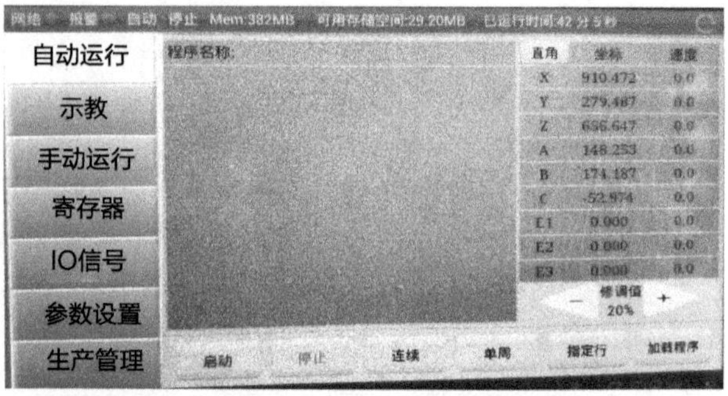
2	程序加载	单击右下角的“加载程序”按钮	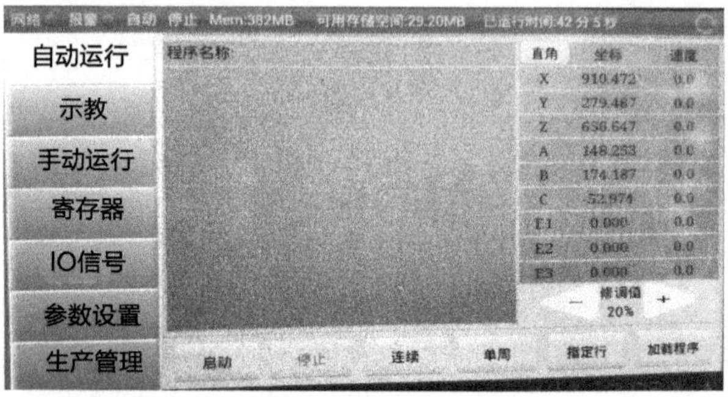
3	选择程序	1）选择程序“hanjie” 2）单击“确认”按钮	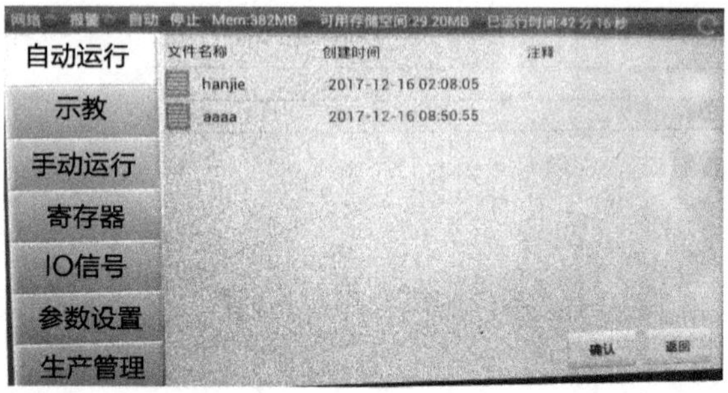
4	程序加载完成	确认程序名称为“hanjie”	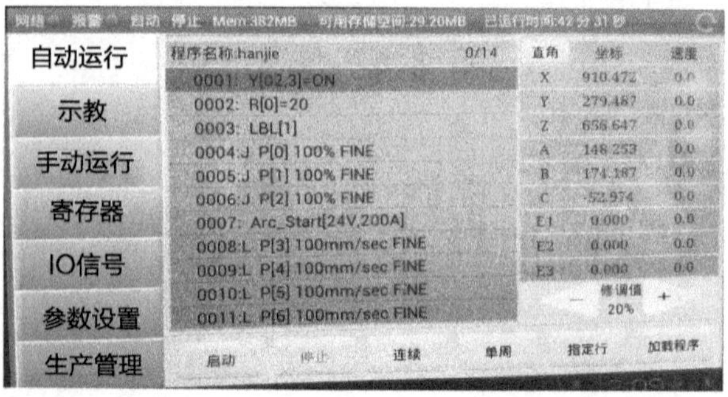

（续）

序　　号	步　　骤	描　　述	图　　示
5	单步运行	1）单击切换为“单步”模式 2）单击“启动”按钮	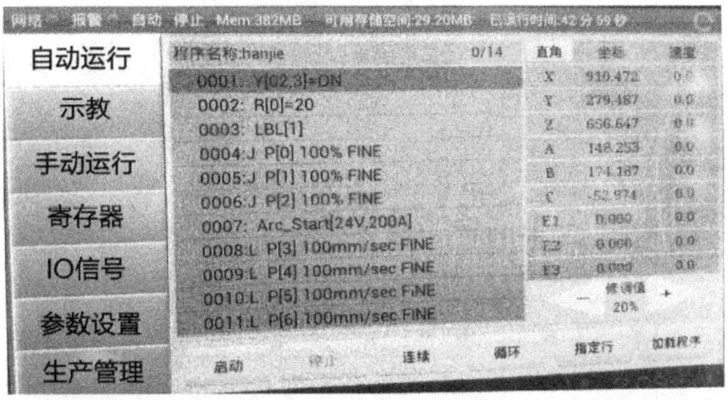
6	连续运行	1）单击切换为“连续”模式 2）单击“启动”按钮	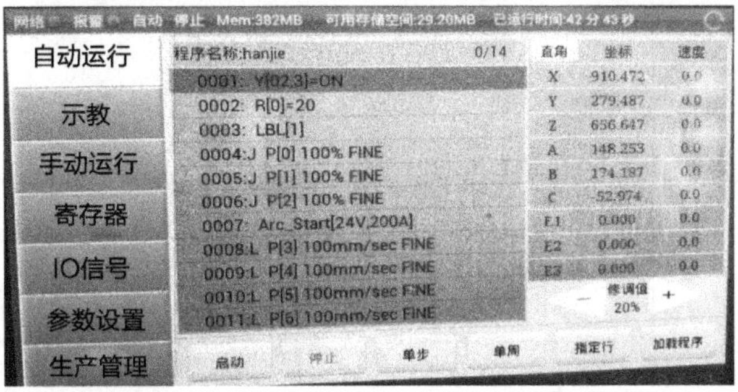

≫ 项目评价

完成本学习项目后，请对学习过程和结果的质量进行评价和总结，并填写表5-11。自我评价由学习者本人填写，小组评价由组长填写，教师评价由任课教师填写。

表5-11　评价反馈表

<table>
<tr><td>班级</td><td colspan="2"></td><td>姓名</td><td></td><td>学号</td><td></td><td>日期</td><td></td></tr>
<tr><td colspan="4">学习任务名称:</td><td colspan="5">在相应框内打√</td></tr>
<tr><td rowspan="14">自我评价</td><td>序　　号</td><td colspan="2">评 价 标 准</td><td colspan="5">评 价 结 果</td></tr>
<tr><td>1</td><td colspan="2">能按时上、下课</td><td colspan="5">□是　□否</td></tr>
<tr><td>2</td><td colspan="2">着装规范</td><td colspan="5">□是　□否</td></tr>
<tr><td>3</td><td colspan="2">能独立完成任务书的填写</td><td colspan="5">□是　□否</td></tr>
<tr><td>4</td><td colspan="2">能利用网络资源、数据手册等查找有效信息</td><td colspan="5">□是　□否</td></tr>
<tr><td>5</td><td colspan="2">能了解工业机器人的性能参数</td><td colspan="5">□是　□否</td></tr>
<tr><td>6</td><td colspan="2">熟悉机器人界面操作</td><td colspan="5">□是　□否</td></tr>
<tr><td>7</td><td colspan="2">熟悉机器人零点判断方法</td><td colspan="5">□是　□否</td></tr>
<tr><td>8</td><td colspan="2">能独立完成机器人各轴移动到零点位置</td><td colspan="5">□是　□否</td></tr>
<tr><td>9</td><td colspan="2">能独立完成机器人回参考点操作</td><td colspan="5">□是　□否</td></tr>
<tr><td>10</td><td colspan="2">能调出机器人原点校准画面</td><td colspan="5">□是　□否</td></tr>
<tr><td>11</td><td colspan="2">能独立完成机器人原点校准操作</td><td colspan="5">□是　□否</td></tr>
<tr><td>12</td><td colspan="2">学习效果自评等级</td><td colspan="5">□优　□良　□中　□差</td></tr>
<tr><td>13</td><td colspan="7">经过本任务学习得到提高的技能有:</td></tr>
</table>

（续）

	序　号	评价标准	评价结果
小组评价	1	在小组讨论中能积极发言	□优　□良　□中　□差
	2	能积极配合小组成员完成工作任务	□优　□良　□中　□差
	3	在任务中的角色表现	□优　□良　□中　□差
	4	能较好地与小组成员沟通	□优　□良　□中　□差
	5	安全意识与规范意识	□优　□良　□中　□差
	6	遵守课堂纪律	□优　□良　□中　□差
	7	积极参与汇报展示	□优　□良　□中　□差
	8	组长评语： 签名： 年　月　日	
教师评价	1	参与度	□优　□良　□中　□差
	2	责任感	□优　□良　□中　□差
	3	职业道德	□优　□良　□中　□差
	4	沟通能力	□优　□良　□中　□差
	5	团结协作能力	□优　□良　□中　□差
	6	理论知识掌握	□优　□良　□中　□差
	7	完成任务情况	□优　□良　□中　□差
	8	填写任务书情况	□优　□良　□中　□差
	9	教师评语： 签名： 年　月　日	

思考与拓展

通过本项目的学习，熟悉了焊接机器人的操作，掌握了工业机器人焊接项目的设计与程序编写。请同学们思考焊接轨迹为正方形的焊接任务，该如何编写机器人程序。

课后练习题

1）指令Arc_Start [V, A] 的含义为______________，V的范围值为______________，A的范围值为______________。

2）指令Arc_End [24V, 200A, 0sec] 的含义为______________________________。

3）JMP LBL [1] 指令的含义为______________________________。

4）编写机器人焊接程序，要求完成一个焊接轨迹为菱形的焊接作业。

项目6　写字机器人工作站

知识点

- 掌握工业机器人相关运动指令。
- 掌握工业机器人程序编写方法。
- 能正确对工业机器人程序文件管理。
- 工业机器人调试与运行。

技能点

- 工业机器人写字运动规划。
- 工业机器人操作方法。
- 工业机器人写字工作站调试。

知识储备

一、写字机器人工作站的组成

写字机器人其实就是工业机器人按照字的笔画走轨迹运动。机器人走轨迹有两种方法可以实现，一种是示教点位，另外一种是在计算机里面生成轨迹程序导入机器人控制器，也就是离线编程。关于离线编程，在本项目最后的拓展内容会简单介绍，因本控制系统不支持离线编程，故本项目采用示教点位的方式来实现机器人写字功能。在本工作站中，还是使用HSR-JR612机器人作为写字机器人，为了便于现场实际教学，本写字教学工作站就地取材，利用实训室现有材料搭建，组成清单见表6-1。

表6-1　工作站清单

序　号	名　称	数　量
1	HSR-JR612机器人	1套
2	工作桌	1张
3	夹具	1套
4	水性笔	1支
5	白纸	1张

工作站实物图如图6-1所示。

二、工作站动作要求

利用安装在机器人夹具上的水性笔，在白纸上写下“CD”两个字母。

1）规划机器人运动路径。

2）编写示教程序及设定机器人点位位置。

3）调试机器人程序让机器人自动完成动作。

三、操作前准备

运动规划

图6-1　写字机器人工作站

在做任何一个机器人应用项目时，都需要先对项目的机器人运动做好规划，然后根据规划配置I/O和示教机器人程序。运动规划又分任务规划、动作规划、路径规划。

本项目为机器人写字，可通过机器人走直线指令和走圆弧指令来实现，具体规划如图6-2所示。

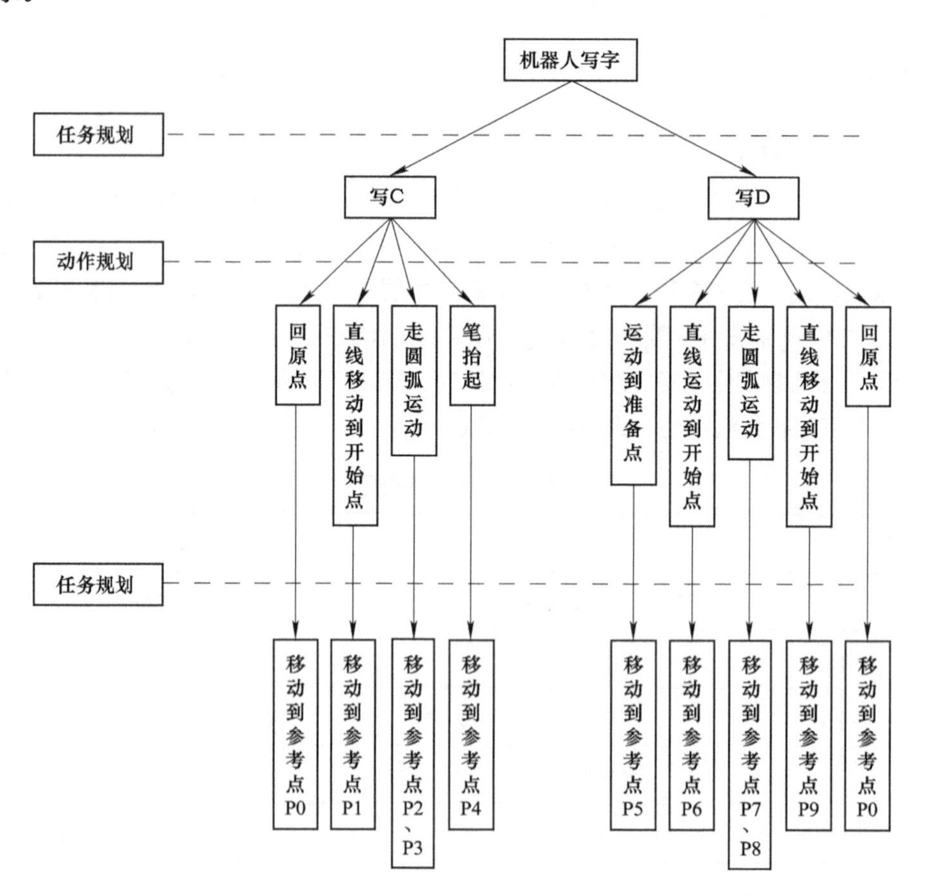

图6-2　动作规划

任务1　设定坐标系

任务描述

本任务通过机器人手爪夹具，完成机器人工件坐标系及工具坐标系的设置。

任务目标

1）掌握机器人工件坐标系设置的操作方法。

2）掌握机器人工具坐标系设置的操作方法。

任务准备

1）HSR-JR612机器人1台，并在法兰面上安装夹具。

2）机器人安装座1个。

3）安全围栏。

4）安全帽（操作人员佩戴）。

任务确认

项目1中讲到工件坐标是由用户在工件空间定义的一个笛卡儿坐标系，工件坐标系包括以下两种：（X、Y、Z）用来表示距离基坐标系原点的位置，（A、B、C）用来表示绕X轴、Y轴、Z轴旋转的角度。

当操作对象相对独立时，可以不设定工件坐标系，而直接在基坐标系下描述工作。然而，当操作对象相对于某一个位置有确实的坐标关系，或者操作对象具有确定的位置联系时，就有必要建立工件坐标系，以更好地表达操作任务，简化编程和操作。本项目中，可以不设定工件坐标系，而直接在基坐标系中进行，当然，设定一个工件坐标系，并在工件坐标系进行操作也是可以的。

工具坐标系设置操作方法

注意

进行以下步骤操作，操作人员需佩戴安全帽。

工具坐标系设置详细操作步骤见表6-2。

表6-2　工具坐标系设置操作方法

序　号	步　骤	描　述	图　示
1	前期准备	1）机器人上电，进入手动模式，坐标系选择基坐标系 2）机器人末端安装水性笔 3）准备校准圆锥	手动　网络　报警　下午2:32 位置 J1 0.000 deg J4 0.000 deg E1 0.000 mm J2 0.000 deg J5 0.000 deg E2 0.000 mm J3 0.000 deg J6 0.000 deg E3 0.000 mm J1 J2 J3 手动参数 坐标模式　基坐标
2	菜单画面选择	1）通过菜单选择设置 2）选择工具坐标系设定	设置　网络　报警　下午2:35 工具坐标系设定　工件坐标系设定　组参数 工具2 X 0.0 Y 0.0 Z 0.0 A 0.0 B 0.0 C 0.0 清除坐标　坐标标定
3	选择工具坐标系编号及标定方法	1）选择工件编号 2）单击“坐标标定”（步骤2）按钮 3）选择“三点标定”模式	工具2 X 0.0 Y 0.0 Z 0.0 A 0.0 B 0.0 C 0.0 清除坐标　完成标定 标定方法　三点标定 接近点1　记录位置 接近点2　记录位置 接近点3　记录位置

（续）

序　号	步　骤	描　述	图　示
4	移动机器人至接近点1	手动移动机器人至圆锥顶点	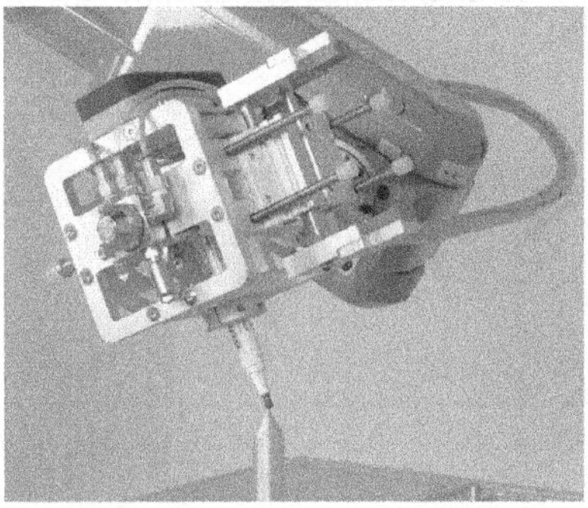
5	记录接近点1位置	单击“记录位置”按钮	 标定方法 三点标定 接近点1 已记录 记录位置 接近点2 记录位置 接近点3 记录位置
6	移动机器人至接近点2	换一个方向手动移动机器人至圆锥顶点，角度要大一些	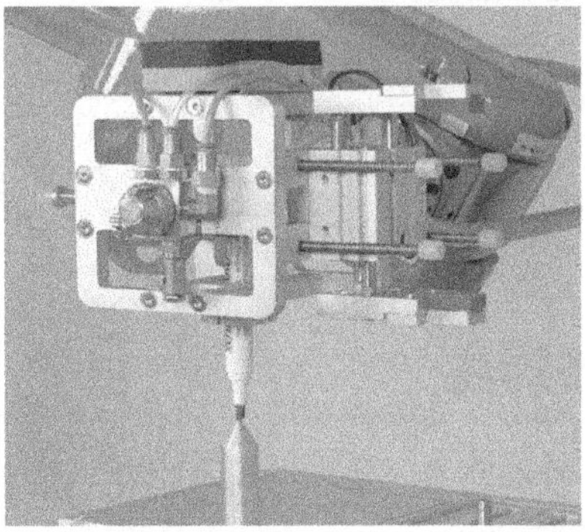
7	记录接近点2位置	单击“记录位置”按钮	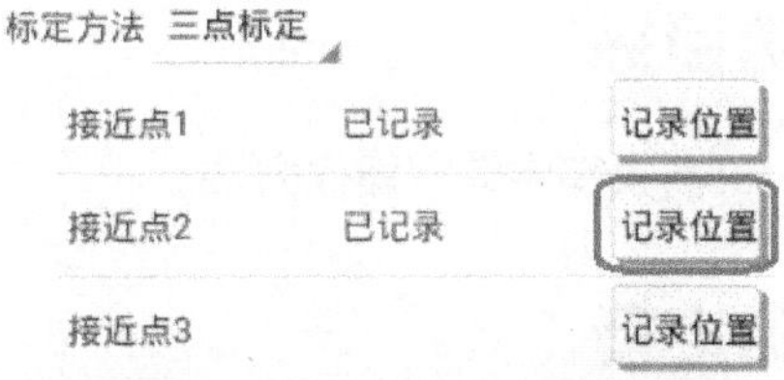 标定方法 三点标定 接近点1 已记录 记录位置 接近点2 已记录 记录位置 接近点3 记录位置
8	移动机器人至接近点3	换一个方向手动移动机器人至圆锥顶点，角度要大一些，不能与点1方向重合或接近	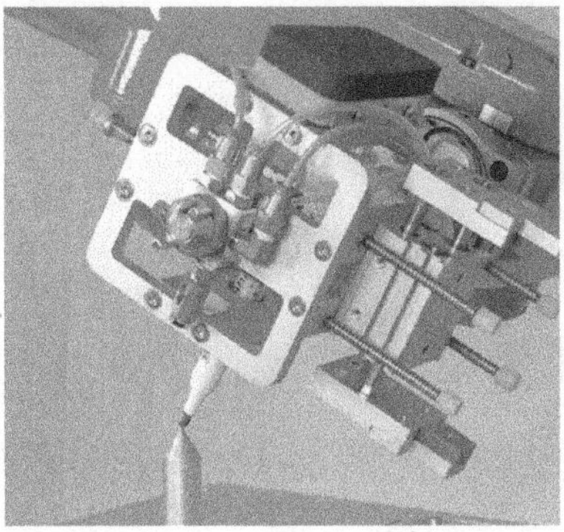

（续）

序号	步骤	描述	图示
9	记录接近点3位置	单击“记录位置”按钮	标定方法 三点标定 接近点1 已记录 记录位置 接近点2 已记录 记录位置 接近点3 已记录 记录位置
10	标定完成	单击“完成标定”按钮，画面显示“正在标定，请稍后！”，无提示报警则标定完成	清除坐标 完成标定 标定方法 三点标定 接近点1 已记录 记录位置 接近点2 已记录 记录位置 接近点3 已记录 记录位置

任务2　新建写字程序

任务描述

本任务根据项目要求，编写机器人运动程序。

任务目标

掌握机器人程序编写操作方法。

任务准备

1）HSR-JR612机器人1台，法兰面上安装好夹具并接通电源和气源。
2）机器人安装座1个。
3）安全围栏。
4）安全帽（操作人员佩戴）。

操作步骤

新建写字程序的详细操作步骤见表6-3。

表6–3　新建写字程序的操作步骤

序　号	步　骤	描　述	图　示
1	选择示教画面	1）单击“菜单”按钮 2）单击“示教”按钮	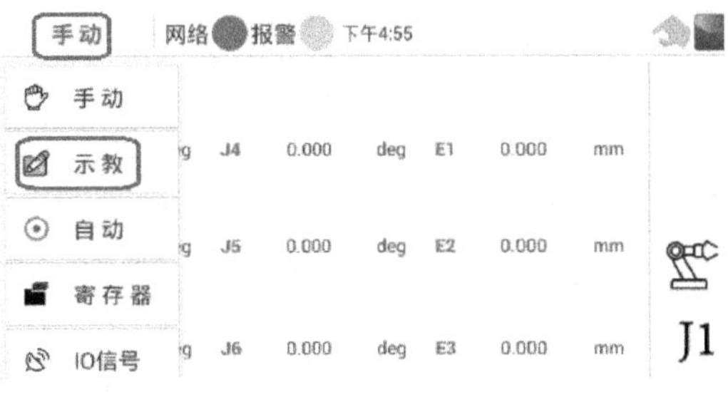 手动　网络 报警 下午4:55 手动 示教 自动 寄存器 IO信号 J4 0.000 deg E1 0.000 mm J5 0.000 deg E2 0.000 mm J6 0.000 deg E3 0.000 mm J1
2	新建程序	进入示教画面后单击“新建程序”按钮	 新建程序　打开程序　程序检查　保存　另存为　详情
3	输入程序名	1）在对话框中输入程序名“xieziyanshi” 2）单击“确认”按钮	 新建程序 程序名: xieziyanshi 取消　确认
4	空白程序模版建好	程序名为“xieziyanshi”的程序模版已经建好，接下来进行指令语句编辑	 示教　网络 报警 下午5:01 程序名称: xieziyanshi 1: END
5	输入运动指令	1）长按“END”语句 2）单击“上行插入”按钮 3）单击“运动指令”按钮	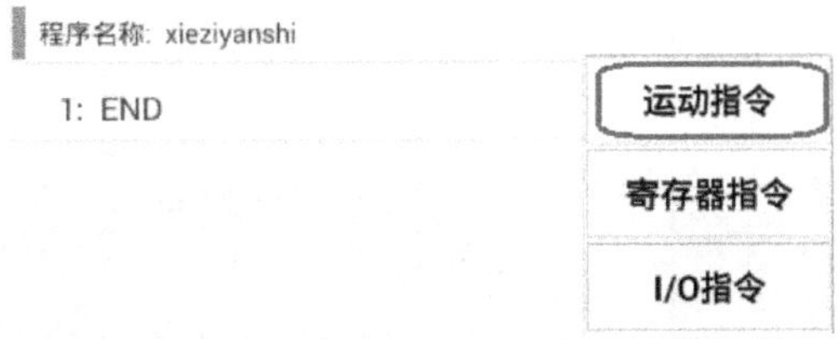 程序名称: xieziyanshi 1: END 运动指令 寄存器指令 I/O指令
6	运动指令输入完成	1）选择关节运动模式“J” 2）其他参数默认 3）单击“确认”按钮	 示教　网络 报警 下午5:03 程序名称: xieziyanshi 1: J P[0] 100% CNT100 2: END
7	完成运动指令输入	1）参考步骤5～6的操作 2）运动模式选择直线运动“L”	 示教　网络 报警 下午5:03 程序名称: xieziyanshi 1: J P[0] 100% CNT100 2: L P[1] 100mm/sec CNT100 3: END

（续）

序号	步骤	描述	图示
8	输入等待指令	1）长按“END”语句 2）单击“上行插入”按钮 3）单击“等待指令”按钮	 示教 网络 报警 下午5:04 程序名称：xieziyanshi 1: J P[0] 100% CNT100 2: L P[1] 100mm/sec CNT100 3: END 运动指令 寄存器指令 I/O指令 条件指令 等待指令
9	编辑指令	时间选择1sec	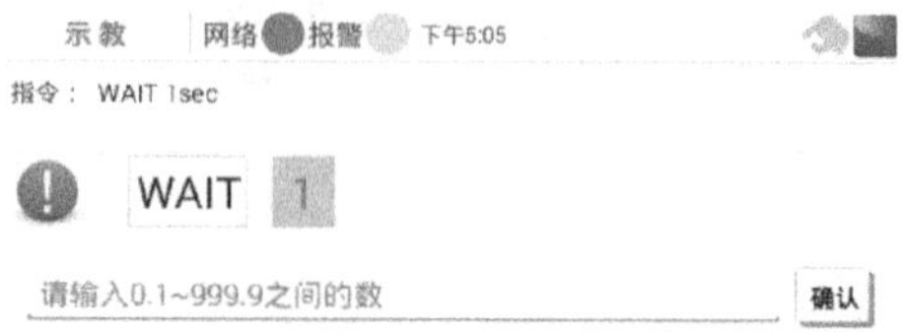 示教 网络 报警 下午5:05 指令：WAIT 1sec WAIT 1 请输入0.1~999.9之间的数 确认
10	等待指令输入完成	等待指令“WAIT 1sec”输入完成	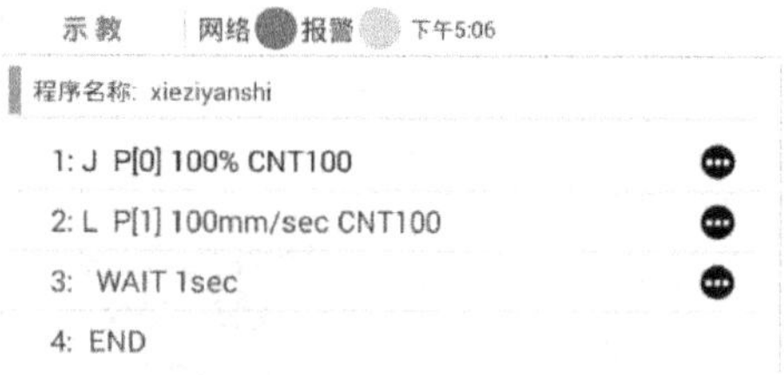 示教 网络 报警 下午5:06 程序名称：xieziyanshi 1: J P[0] 100% CNT100 2: L P[1] 100mm/sec CNT100 3: WAIT 1sec 4: END
11	输入圆弧指令	1）长按“END”语句 2）单击“上行插入”按钮 3）单击“运动指令”按钮 4）选择圆弧指令“C”	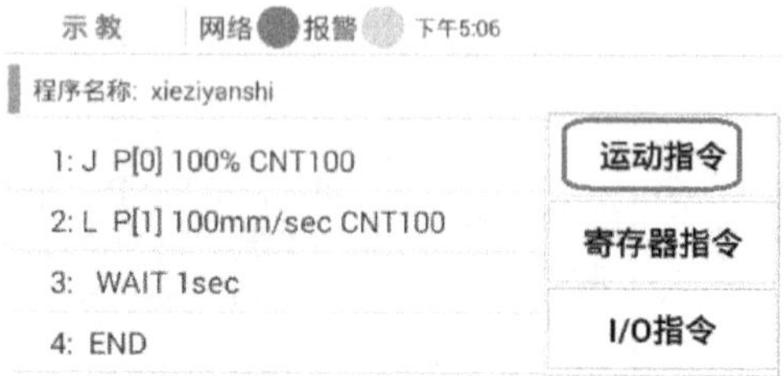 示教 网络 报警 下午5:06 程序名称：xieziyanshi 1: J P[0] 100% CNT100 2: L P[1] 100mm/sec CNT100 3: WAIT 1sec 4: END 运动指令 寄存器指令 I/O指令
12	编辑指令	1）过渡点输入“2” 2）目标点输入“3” 3）其他参数默认 4）单击“确认”按钮	 示教 网络 报警 下午5:07 指令：C P[2] P[3] 100mm/sec CNT100 C P 2 P 3 100 mm/sec 请输入0~99999之间的整数 确认
13	圆弧指令输入完成	圆弧指令“C P[2] P[3] 100mm/sec CNT100”输入完成	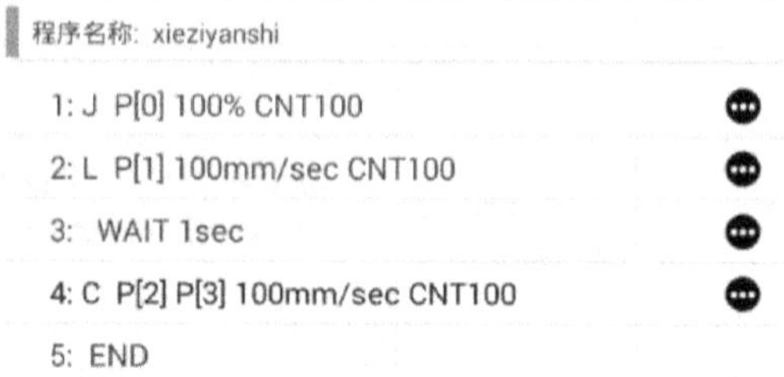 程序名称：xieziyanshi 1: J P[0] 100% CNT100 2: L P[1] 100mm/sec CNT100 3: WAIT 1sec 4: C P[2] P[3] 100mm/sec CNT100 5: END

（续）

序号	步骤	描述	图示
14	连续输入运动指令	1）参考5～6的操作步骤 2）连续输入P[4]、P[5]、P[6]运动指令	3: WAIT 1sec 4: C P[2] P[3] 100mm/sec CNT100 5: J P[4] 100% CNT100 6: L P[5] 100mm/sec CNT100 7: L P[6] 100mm/sec CNT100 8: END
15	输入等待指令	参考步骤8～10的操作	7: L P[6] 100mm/sec CNT100 8: WAIT 1sec 9: END
16	输入圆弧指令	参考步骤11～13的操作	8: WAIT 1sec 9: C P[7] P[8] 100mm/sec CNT100 10: END
17	输入运动指令	1）参考步骤5～6的操作 2）连续输入P[9]、P[10]	8: WAIT 1sec 9: C P[7] P[8] 100mm/sec CNT100 10: L P[9] 100mm/sec CNT100 11: J P[0] 100% CNT100 12: END
18	程序检查	1）单击“程序检查”按钮 2）提示无异常后保存程序，如有异常则看那一行是否语法有问题	新建程序 打开程序 程序检查 保存 另存为 详情
19	程序保存	1）单击“保存”按钮 2）显示程序保存成功	8: WAIT 1sec 9: C P[7] P[8] 100mm/sec CNT100 10: L P[9] 100mm/s 程序xieziyanshi保存成功! 11: J P[0] 100% CNT100 12: END 新建程序 打开程序 程序检查 保存 另存为 详情

参考程序：

程序名：xieziyanshi

```
1: J P[0]  100% CNT100                //回原点
2: L P[1]  100% CNT100                //写C字动作开始点
3: WAIT  1 sec                        //等待1s
4: C P[2]  P[3]  100mm/sec CNT100     //画圆弧C
5: J P[4]  100% CNT100                //写完，笔抬起
6: L P[5]  100mm/sec CNT100           //写D准备点
```

```
7: L P[6] 100mm/sec CNT100          //写D字动作开始点
8: WAIT 1 sec                       //等待1s
9: C P[2] P[3] 100mm/sec CNT100     //画圆弧
10: L P[9] 100mm/sec CNT100         //画直线
11: J P[0] 100% CNT100              //写完，回到原点
12: END
```

任务3　示教目标点

任务描述

本任务根据编辑好的程序，示教所有相对应的目标点位。

任务目标

掌握机器人点位示教的操作方法。

任务准备

1）HSR-JR612机器人1台，安装夹具，接通电源和气源。

2）机器人安装座1个、工作台1张、白纸1张。

3）程序已编写好。

4）安全围栏。

5）安全帽（操作人员佩戴）。

操作步骤

示教目标点的详细操作步骤见表6-4。

注意

进行以下步骤操作，操作人员需佩戴安全帽。

表6-4　示教目标点的操作步骤

序　号	步　骤	描　述	图　示
1	打开程序“xieziyanshi”	打开任务2编辑好的程序“xieziyanshi”	示教　网络　报警　下午5:14 程序名称: xieziyanshi 1: J P[0] 100% CNT100 2: L P[1] 100mm/sec CNT100 3: WAIT 1sec

（续）

序　号	步　骤	描　述	图　示
2	移动机器人到原点位置	参考机器人手动操作	
3	点位保存	将当前位置保存为P0点	是否将P[0]替换为机器人当前位置? 取消　确定
4	移动机器人到开始点位置	参考机器人手动操作	
5	点位保存	将当前位置保存为P1点	是否将P[1]替换为机器人当前位置? 取消　确定
6	继续保存其他点位	按以上操作步骤，继续保存P2～P9位置	请选择位置寄存器 P[2] P[3] 取消 是否将P[9]替换为机器人当前位置? 取消　确定

任务4　调试写字程序

≫ 任务描述

本任务根据编写好的程序对程序进行调试，所有目标点已经示教好。

任务目标

掌握机器人调试操作方法。

任务准备

1）HSR-JR612机器人1台，安装夹具，接通电源和气源。
2）机器人安装座1个、工作台1张、白纸1张。
3）程序已编写好，目标点位已示教完。
4）安全围栏。
5）安全帽（操作人员佩戴）。

操作步骤

调试写字程序的详细操作步骤见表6-5。

注意

进行以下步骤操作，操作人员需佩戴安全帽。

表6-5　调试写字程序的操作步骤

序　号	步　骤	描　述	图　示
1	模式选择	通过菜单键选择“自动”模式	手动　网络 报警 下午5:18 手动 示教 自动 寄存器 J4 0.000 deg E1 0.000 mm J5 0.000 deg E2 0.000 mm
2	加载程序	在画面最下面单击“加载程序”按钮	加载程序　单周模式　单步模式　显示模式　指定行
3	加载完成	程序“xieziyanshi”已被加载完成	程序名称：xieziyanshi 1: J P[0] 100% CNT100 2: L P[1] 100mm/sec CNT100 3: WAIT 1sec 4: C P[2] P[3] 100mm/sec CNT100
4	单步运行	单击“单步模式”按钮	加载程序　单周模式　单步模式　显示模式　指定行

（续）

序　　号	步　　骤	描　　述	图　　示
5	开始单步动作	单击示教器“开始动作”按钮，每单击一次，机器人程序执行一步	
6	调整运行速度	可调整合适的运动速度	倍率 30% 增量 无 示模式 指定行
7	单周连续运行	单步调试无问题后进入连续运行模式	加载程序 单周模式 连续模式 显示模式 指定行
8	开始单周连续动作	单击示教器“开始动作”按钮，程序开始执行	
9	循环连续运行	单周连续运行无问题后进入循环连续运行模式	加载程序 循环模式 连续模式 显示模式 指定行
10	开始循环连续动作	单击示教器“开始动作”按钮，程序开始执行	
11	程序暂停与停止	单击示教器“暂停”按钮，程序暂停，单击“停止”按钮，程序停止	暂停 停止

任务5　自动运行写字程序

任务描述

本任务根据调试好的程序开启自动运行。

任务目标

掌握机器人自动运行的操作方法。

任务准备

1）HSR-JR612机器人1台，安装夹具，接通电源和气源。

2）机器人安装座1个、工作台1张、白纸1张。

3）程序已编写好，目标点位已示教完。

4）安全围栏。

5）安全帽（操作人员佩戴）。

≫ 操作步骤

自动运行写字程序的详细操作步骤见表6-6。

注意

进行以下步骤操作，操作人员需佩戴安全帽。

表6-6　自动运行写字程序的操作步骤

序　号	步　骤	描　述	图　示
1	模式选择	通过菜单键选择“自动”模式	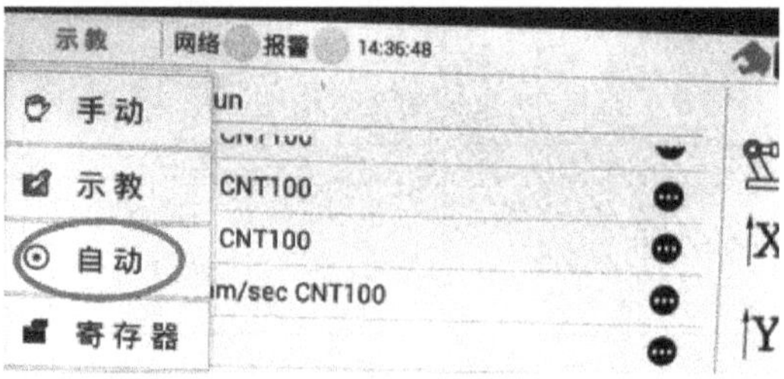
2	加载程序	在画面最下面单击“加载程序”按钮	
3	加载完成	程序“xieziyanshi”已被加载完成	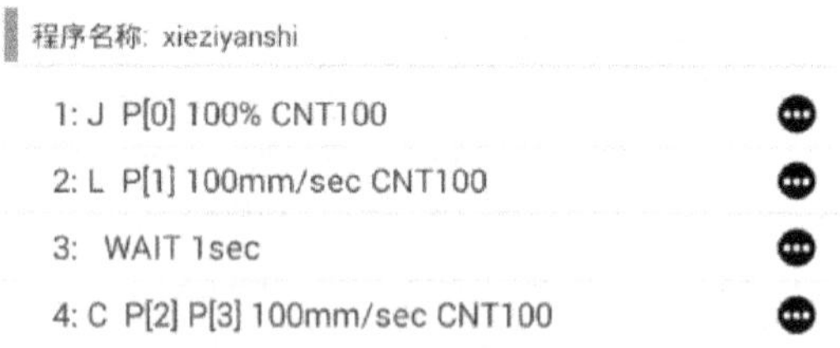
4	调整运行速度	可调整合适的运动速度	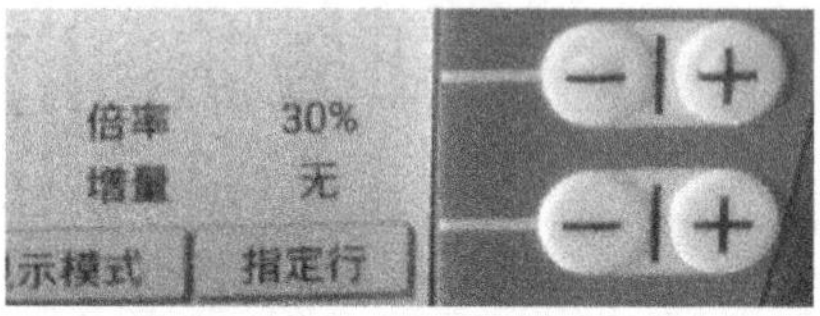
5	循环连续运行	单周连续运行无问题后进入循环连续运行模式	
6	开始循环连续动作	单击示教器“开始动作”按钮，程序开始执行	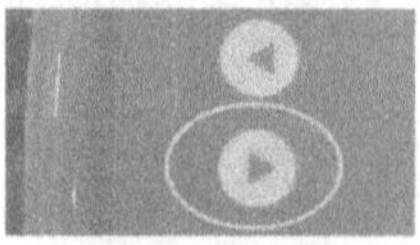
7	程序暂停与停止	单击示教器“暂停”按钮，程序暂停，单击“停止”按钮，程序停止	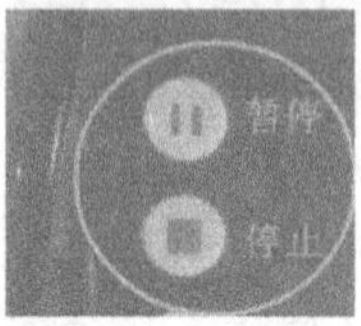

项目评价

完成本学习项目后，请对学习过程和结果的质量进行评价和总结，并填写表6-7。自我评价由学习者本人填写，小组评价由组长填写，教师评价由任课教师填写。

表6-7　评价反馈表

班级		姓名		学号		日期	
学习任务名称：				在相应框内打√			
自我评价	序　号	评价标准		评价结果			
	1	能按时上、下课		□是	□否		
	2	着装规范		□是	□否		
	3	能独立完成任务书的填写		□是	□否		
	4	能利用网络资源、数据手册等查找有效信息		□是	□否		
	5	了解机器人写字的实现方法		□是	□否		
	6	了解写字工作站的组成		□是	□否		
	7	熟悉工作站动作规划的方法		□是	□否		
	8	能独立完成工作站程序编写		□是	□否		
	9	能独立完成工作站目标点示教		□是	□否		
	10	能独立完成工作站程序调试		□是	□否		
	11	能独立完成工作站程序运行		□是	□否		
	12	学习效果自评等级		□优	□良	□中	□差
	13	经过本任务学习得到提高的技能有：					
小组评价	1	在小组讨论中能积极发言		□优	□良	□中	□差
	2	能积极配合小组成员完成工作任务		□优	□良	□中	□差
	3	在任务中的角色表现		□优	□良	□中	□差
	4	能较好地与小组成员沟通		□优	□良	□中	□差
	5	安全意识与规范意识		□优	□良	□中	□差
	6	遵守课堂纪律		□优	□良	□中	□差
	7	积极参与汇报展示		□优	□良	□中	□差
	8	组长评语： 签名： 年　月　日					

（续）

	序号	评价标准	评价结果
教师评价	1	参与度	□优　□良　□中　□差
	2	责任感	□优　□良　□中　□差
	3	职业道德	□优　□良　□中　□差
	4	沟通能力	□优　□良　□中　□差
	5	团结协作能力	□优　□良　□中　□差
	6	理论知识掌握	□优　□良　□中　□差
	7	完成任务情况	□优　□良　□中　□差
	8	填写任务书情况	□优　□良　□中　□差
	9	教师评语： 签名： 年　月　日	

思考与拓展

通过本项目的学习，熟悉了机器人写字的实现方法，请同学们思考一下“天”字用点位示教的方式如何实现机器人写字，编写相关程序验证。接下来，介绍机器人离线编程，来实现机器人写字。

机器人离线编程是通过软件，在计算机里重建整个工作场景的三维虚拟环境，软件可以根据要加工零件的大小、形状、材料，同时配合软件操作者的一些操作，自动生成机器人的运动轨迹，即控制指令，然后在软件中仿真与调整轨迹，最后生成机器人程序传输给机器人，机器人直接运行程序。这样就不需要用户去示教繁琐的点位。如让机器人写“常德”二字，如果通过点位示教的方式，将非常繁琐，而且要示教出文字效果比较困难。但通过离线编程软件，将“常德”二字的CAD文档导入软件，通过调整自动生成运动轨迹，最后生成机器人程序，机器人直接执行程序则完成“常德”二字书写动作。在实际生产中，机器人离线编程常用于机器人打磨和喷涂等这种运动轨迹比较繁琐的应用。目前主流的机器人离线编程软件有RobotMaster（支持市场上绝大多数机器人品牌）、RobotStudio（ABB机器人）、Robotguide（FANCU机器人）、Robot MotosimEG（安川机器人）、RobotCAE（华数机器人）。

课后练习题

1）指令C P[2] P[3] 100mm/sec CNT100中，C表示________，P[2]表示________，P[3]表示__________，100mm/sec表示____________，CNT100表示______。

2）指令WAIT X[1,1]=ON的含义为____________________。

3）机器人写字其实就是机器人在__________________。

4）编写程序，让机器人书写“A3”。

项目7　压铸取料机器人工作站

知识点

- 理解工业机器人坐标系。
- 掌握工业机器人程序编写、点位记录方法。
- 能正确对工业机器人程序文件管理。
- 工业机器人调试与运行。

技能点

- 工业机器人压铸取料路径规划。
- 工业机器人操作方法。
- 工业机器人I/O指令应用。
- 机器人压铸取料工作站调试。

知识储备

一、压铸机器人的常见应用

压铸机器人广泛应用于汽车整车及汽车零部件、金属加工、工程机械等行业，用于冲压机自动化生产线等自动上下料生产环节，以提高生产效率、节省劳动力成本、提高定位精度并降低取料过程中的产品损坏率。压铸机器人对精度要求相对低一点，但承载能力比较大，一般在50kg负载以上，机器人本体比较大，所以在操作中一定要做好安全防护。

二、压铸机器人工作站的组成

工作站的组成

为了便于现场实际教学，本教学工作站就地取材，利用实训室现有材料搭建，组成清单见表7-1。

表7-1　工作站清单

序　号	名　称	数　量
1	HSR-JR612机器人	1套
2	工作桌	1张
3	手机外壳	4个
4	夹具	1套

现场工作站图片如图7-1所示。

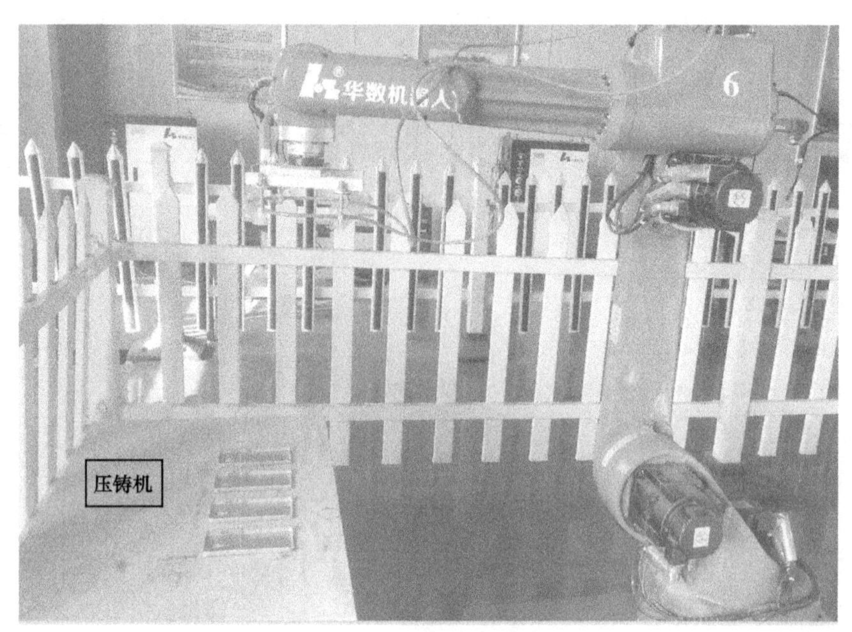

图7-1　压铸取料工作站

三、工作站动作要求

将工作台上的4个手机外壳比作压铸件（见图7-2），手机外壳前方假设有一台压铸机，工业机器人将压铸件取到压铸机去加工，加工完成后取出来放回原位。

1）规划机器人运动路径。

2）示教程序及机器人点位位置。

3）配置相应的I/O，让夹具动作。

4）调试机器人程序让机器人自动完成动作。

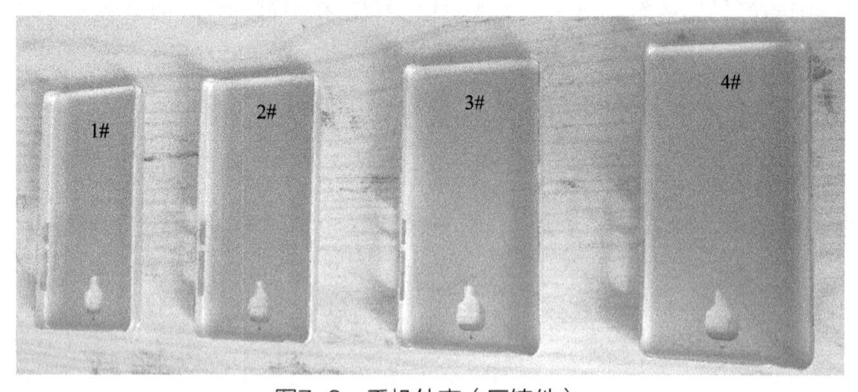

图7-2　手机外壳（压铸件）

四、操作前准备

1. 运动规划

在做任何一个机器人应用项目时，都需要先对项目的机器人运动做好规划，然后根据规划配置I/O和示教机器人程序。本项目的具体规划如图7-3所示。

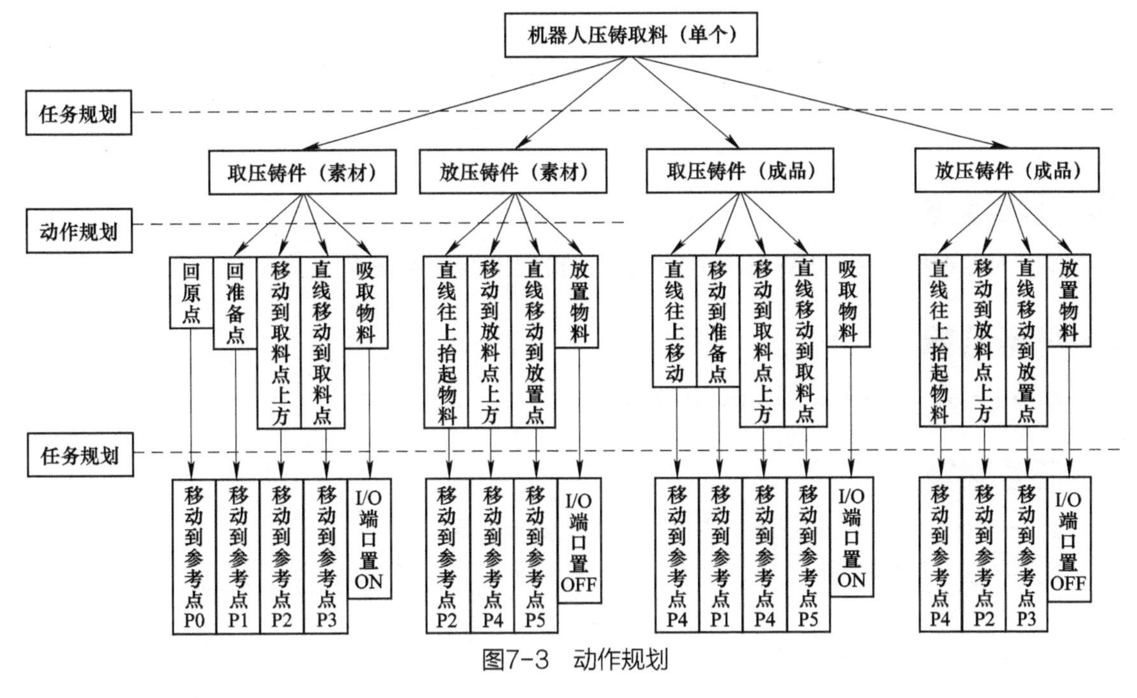

图7-3　动作规划

点位规划如图7-4所示。

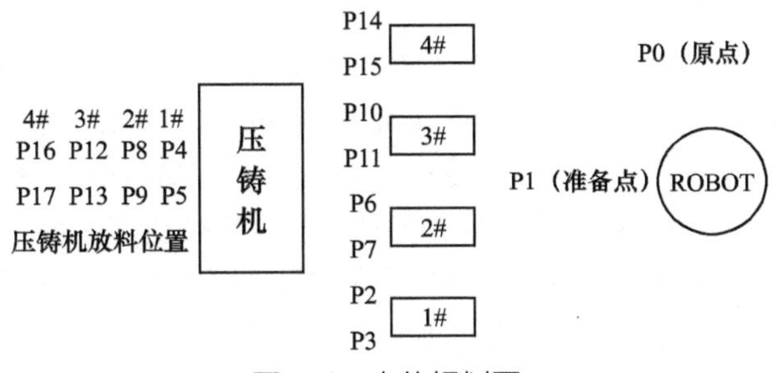

图7-4　点位规划图

2. I/O配置

本任务中使用气动夹具来吸取物料，气动夹具的打开与关闭通过I/O信号控制。HSR-JR612机器人控制系统提供了完整的I/O通信接口，可以方便地与周边设备进行通信。

HSR-JR612机器人控制系统的I/O板提供的常用I/O信号有输入信号X（共48点，分6组）和输出信号Y（共32点，分4组）。输入端口中有16个输入点为24V电压输入（输入模块为带P标识的模块），另外的32个输入点为-24V电压输入，这就是人们常说的高电平输入和低电平输入，与PLC类似，接线有点不一样，功能是一样的。

本项目中，I/O配置见表7-2。

表7-2　I/O配置

序　号	PLC地址	状　态	符号说明	控制指令
1	X[1，1]	ON/OFF	真空压力检测到位	X[1，1]=ON/OFF
2	X[1，2]	ON/OFF	加工完成	X[1，2]=ON/OFF
3	Y[1，1]	ON/OFF	吸盘打开/关闭	Y[1，1]=ON/OFF

任务1　设定工件坐标系

任务描述

本任务依据机器人手爪夹具，完成机器人新的工件坐标系设置。

任务目标

掌握机器人工件坐标系标定的操作方法。

任务准备

1）HSR-JR612机器人1台，并在法兰面上安装夹具。
2）机器人安装座1个。
3）安全围栏。
4）安全帽（操作人员佩戴）。

任务确认

本工业机器人系统控制器支持16个工件坐标系设定，从工件0～工件15。当所使用的工件坐标系相对于基坐标系只是位置改变，而坐标方向没变，可单击“修改位置”按钮改变相应轴的坐标轴。当位置和坐标方向都发生改变时，需采用三点法或四点法标定工件坐标系。

本项目取料过程中，由于被取物料的初始位置和目标位置可以很方便地利用基坐标系中的坐标表示，不像喷涂、焊接那样需要对物料上的若干点（或线、面）进行操作，无须在工件坐标系下对物料上的若干点进行描述，所以取料操作可以不设定工件坐标系，而直接在基坐标系中进行，当然，设定一个工件坐标系，并在工件坐标系进行操作也是可以的。

操作步骤

如要另外设置工件坐标系，则可以参考“项目1任务3”中的操作方法。

任务2　新建压铸取料程序

任务描述

本任务根据压铸项目要求，编写机器人运动程序。

任务目标

掌握机器人程序编写操作方法。

任务准备

1）HSR-JR612机器人1台，并接通电源和气源。

2）机器人安装座1个。

3）安全围栏。

4）安全帽（操作人员佩戴）。

操作步骤

为实现压铸件的取料功能，在完成任务规划、动作规划、路径规划后，可开始对机器人搬运进行程序编写。

新建压铸取料程序的详细操作步骤见表7-3。

表7-3 新建压铸取料程序的操作步骤

序号	步骤	描述	图示
1	机器人上电	1）机器人上电 2）单击“基坐标系”按钮	手动 网络 报警 下午3:28 位置 J1 0.000 deg J4 0.000 deg E1 0.000 mm J2 0.000 deg J5 0.000 deg E2 0.000 mm J3 0.000 deg J6 0.000 deg E3 0.000 mm 手动参数 坐标模式 基坐标 J1 J2 J3
2	选择示教画面	1）单击“菜单”按钮 2）单击“示教”按钮	手动 网络 报警 下午4:55 手动 示教 自动 寄存器 IO信号 J4 0.000 deg E1 0.000 mm J5 0.000 deg E2 0.000 mm J6 0.000 deg E3 0.000 mm J1
3	新建程序	进入示教画面后单击“新建程序”按钮	新建程序 打开程序 程序检查 保存 另存为 详情
4	输入程序名	1）在对话框中输入程序名“yazhuyanshi” 2）单击“确认”按钮	新建程序 程序名: yazhuyanshi 取消 确认

（续）

序　号	步　骤	描　述	图　示
5	输入运动指令	1）在“END”指令空白处单击 2）在弹出的对话框中单击“运动指令”按钮	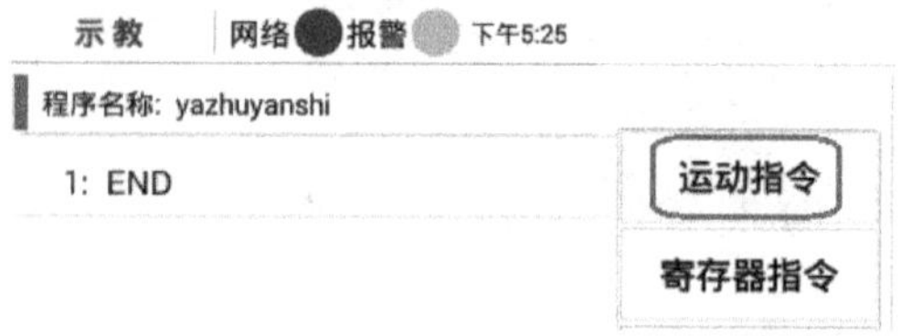 示教　网络 报警 下午5:25 程序名称：yazhuyanshi 1: END 运动指令 寄存器指令
6	编辑指令	1）选择关节运动模式“J” 2）其他参数默认 3）单击“确认”按钮	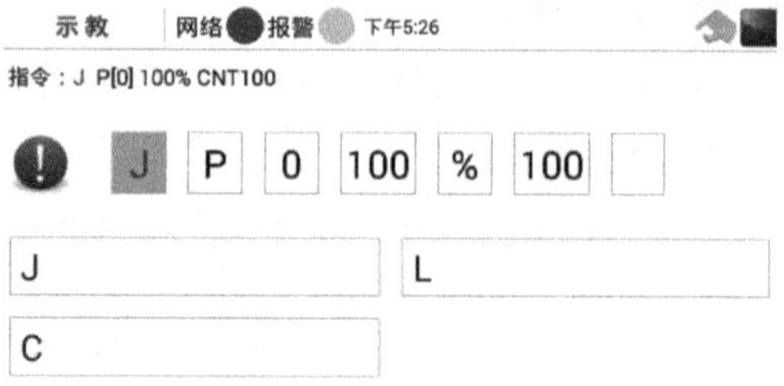 示教　网络 报警 下午5:26 指令：J P[0] 100% CNT100 J　P　0　100　%　100 J　L C
7	指令输入完成	运动指令“J P[0] 100% CNT100”输入完成	 示教　网络 报警 下午5:26 程序名称：yazhuyanshi 1: J P[0] 100% CNT100 2: END
8	继续输入运动指令	参考步骤5～7，完成P[1]、P[2]、P[3]的运动指令	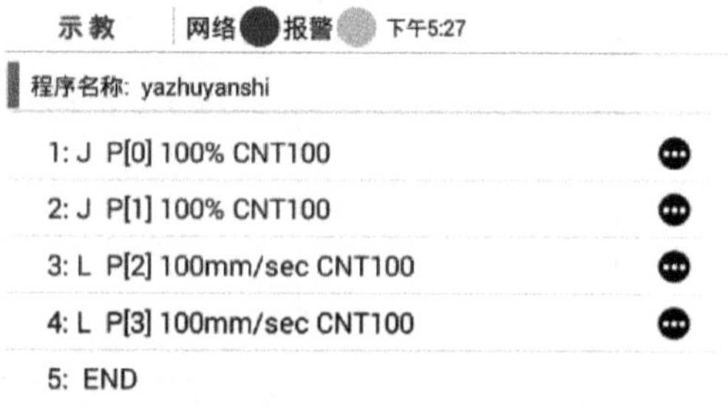 示教　网络 报警 下午5:27 程序名称：yazhuyanshi 1: J P[0] 100% CNT100 2: J P[1] 100% CNT100 3: L P[2] 100mm/sec CNT100 4: L P[3] 100mm/sec CNT100 5: END
9	输入I/O指令	1）在“END”指令空白处单击 2）在弹出的对话框中单击“I/O指令”按钮	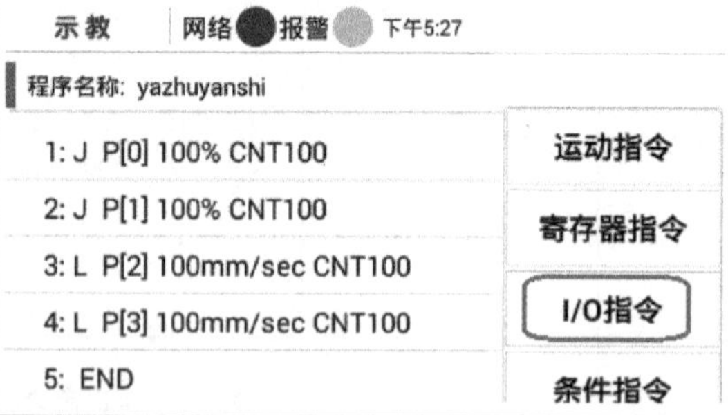 示教　网络 报警 下午5:27 程序名称：yazhuyanshi 1: J P[0] 100% CNT100 2: J P[1] 100% CNT100 3: L P[2] 100mm/sec CNT100 4: L P[3] 100mm/sec CNT100 5: END 运动指令 寄存器指令 I/O指令 条件指令
10	选择指令类型	选择输出指令Y	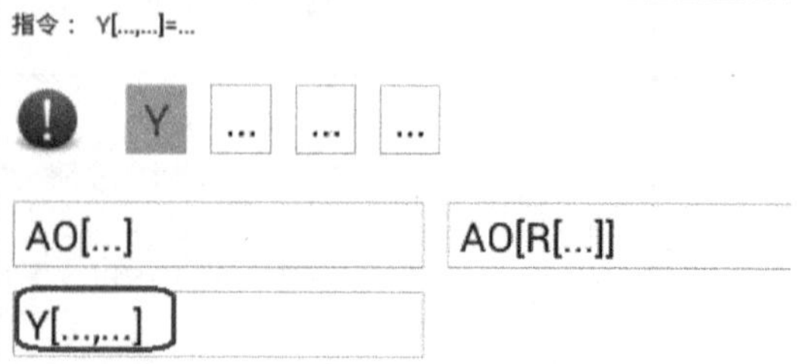 指令：Y[...,...]=... Y　...　...　... AO[...]　AO[R[...]] Y[...,...]

（续）

序　号	步　骤	描　述	图　示
11	编辑指令参数	1）选择模组“1” 2）选择端口“1” 3）选择状态为“ON”	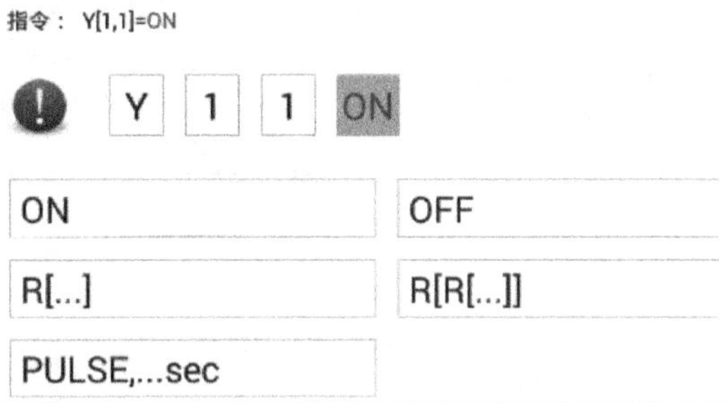 指令：Y[1,1]=ON Y 1 1 ON ON　OFF R[...]　R[R[...]] PULSE,...sec
12	I/O指令输入完成	“Y[1，1]=ON”指令输入完成	 4: L P[3] 100mm/sec CNT100 5: Y[1,1]=ON 6: END
13	输入等待指令	1）在“END”指令空白处单击 2）在弹出的对话框中单击“等待指令”按钮	5: Y[1,1]=ON 6: END 条件指令 等待指令
14	编辑指令参数	1）时间输入“1” 2）单击“确认”按钮	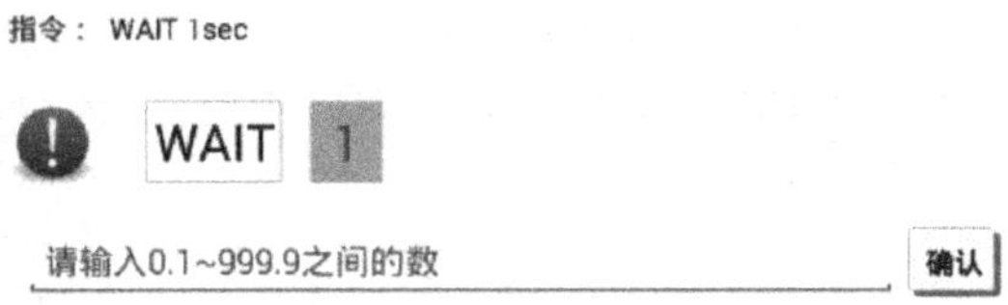 指令：WAIT 1sec WAIT 1 请输入0.1~999.9之间的数　确认
15	等待指令输入完成	等待指令“WATI 1 sec”输入完成	 5: Y[1,1]=ON 6: WAIT 1sec 7: END
16	继续输入其他指令	参考步骤5～15，按照机器人动作规划，继续完成其他指令输入	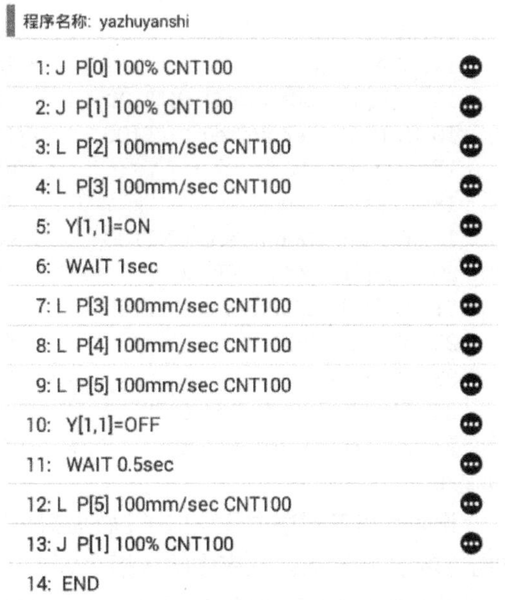 程序名称：yazhuyanshi 1: J P[0] 100% CNT100 2: J P[1] 100% CNT100 3: L P[2] 100mm/sec CNT100 4: L P[3] 100mm/sec CNT100 5: Y[1,1]=ON 6: WAIT 1sec 7: L P[3] 100mm/sec CNT100 8: L P[4] 100mm/sec CNT100 9: L P[5] 100mm/sec CNT100 10: Y[1,1]=OFF 11: WAIT 0.5sec 12: L P[5] 100mm/sec CNT100 13: J P[1] 100% CNT100 14: END

（续）

序　号	步　骤	描　述	图　示
17	程序检查	1）单击“程序检查”按钮 2）提示无异常后保存程序，如有异常则看那行是否语法有问题	新建程序　打开程序　程序检查　保存　另存为　详情
18	程序保存	指令全部输入完成后保存程序	10: Y[1,1]=OFF　程序yazhuyanshi保存成功! 11: WAIT 0.5sec 12: L P[5] 100mm/sec CNT100 13: J P[1] 100% CNT100 14: END 新建程序　打开程序　程序检查　保存　另存为　详情

参考程序：

程序名：yazhuyanshi

```
1: J P[0]  100% CNT100              //回到机器人原点
2: J P[1]  100% CNT100              //准备点
3: J P[2]  100% CNT100              //1#压铸件上方取料点
4: L P[3]  100mm/sec CNT100         //1#压铸件下方取料点
5: Y[1,1]=ON                        //吸盘动作（吸取物料）
6: WAIT 1 sec                       //等待1秒
7: L P[2]  100mm/sec CNT100         //取到物料后直线抬起
8: J P[4]  100% CNT100              //1#压铸件放置位置上方点
9: L P[5]  100mm/sec CNT100         //1#压铸件放置位置点
10: Y[1,1]=OFF                      //吸盘动作（松开物料）
11: WAIT 1 sec                      //等待1秒
12: L P[4]  100mm/sec CNT100        //放料后直线移动抬起
13: J P[1]  100% CNT100             //回到准备点
14: WAIT X[1,2]  =ON                //等待压铸机加工完成
15: J P[4]  100mm/sec CNT100        //1#压铸件成品上方取料点
16: L P[5]  100mm/sec CNT100        //1#压铸件成品下方取料点
17: Y[1,1]=ON                       //吸盘动作（吸取物料）
18: WAIT 1 sec                      //等待1秒
19: L P[4]  100mm/sec CNT100        //取到物料后直线抬起
20: J P[2]  100% CNT100             //1#压铸件成品放置位置上方点
21: L P[3]  100mm/sec CNT100        //1#压铸件成品放置位置点
22: Y[1,1]=OFF                      //夹具动作（松开物料）
23: WAIT 1 sec                      //等待1秒
24: L P[2]  100mm/sec CNT100        //放料后直线移动抬起
25: J P[1]  100% CNT100             //回到准备点
26: ……
```

说明：参考程序中只写出了1#压铸件的取料加工程序，2#、3#、4#压铸件程序相同，同学们可自行输入。程序中输入指令WAIT X[1，2]=ON，表示压铸机加工完后反馈的信号，因现场工作站无此信号，故调试时可删除或改为等待时间指令。

任务3　示教目标点

任务描述

本任务根据编辑好的机器人运动程序，示教所有相对应的目标点位置。

任务目标

掌握机器人点位示教的操作方法。

任务准备

1）HSR-JR612机器人1台，安装夹具，接通电源和气源。
2）机器人安装座1个、工作台1张、手机外壳4PCS。
3）程序已编写好。
4）安全围栏。
5）安全帽（操作人员佩戴）。

操作步骤

示教目标点的详细操作步骤见表7-4。

注意

进行以下步骤操作，操作人员需佩戴安全帽。

表7-4　示教目标点的操作步骤

序　号	步　骤	描　述	图　示
1	打开程序“yazhuyanshi”	打开任务2编辑好的“yazhuyanshi”程序	示教　网络 报警 下午5:40 程序名称: yazhuyanshi 1: J P[0] 100% CNT100 2: J P[1] 100% CNT100 3: L P[2] 100mm/sec CNT100 4: L P[3] 100mm/sec CNT100
2	移动机器人到原点位置	参考机器人手动操作	

（续）

序　号	步　骤	描　述	图　示
3	记录点位	1）单击P0语句后面的菜单 2）单击“替换位置”按钮	1: J P[0] 100% CNT100 2: J P[1] 100% CNT100 3: L P[2] 100mm/sec CNT100 4: L P[3] 100mm/sec CNT100 5: Y[1,1]=ON 下行插入 上行插入 替换位置 修改位置
4	点位保存	将当前位置保存为P0点	是否将P[0]替换为机器人当前位置? 取消 确定
5	继续示教P1～P5目标点位位置	操作方法同上	

任务4　调试压铸取料程序

任务描述

本任务根据编写好的机器人运动程序对程序进行调试，所有目标点位置已经示教好。

任务目标

掌握机器人调试操作方法。

任务准备

1）HSR-JR612机器人1台，安装夹具，接通电源和气源。

2）机器人安装座1个、工作台1张、手机外壳4PCS。

3）程序已编写好，目标点位已示教完。

4）安全围栏。

5）安全帽（操作人员佩戴）。

操作步骤

调试压铸取料程序的详细操作步骤见表7-5。

注意

进行以下步骤操作，操作人员需佩戴安全帽。

表7–5　调试压铸取料程序的操作步骤

序　号	步　骤	描　述	图　示
1	模式选择	通过菜单键选择“自动”模式	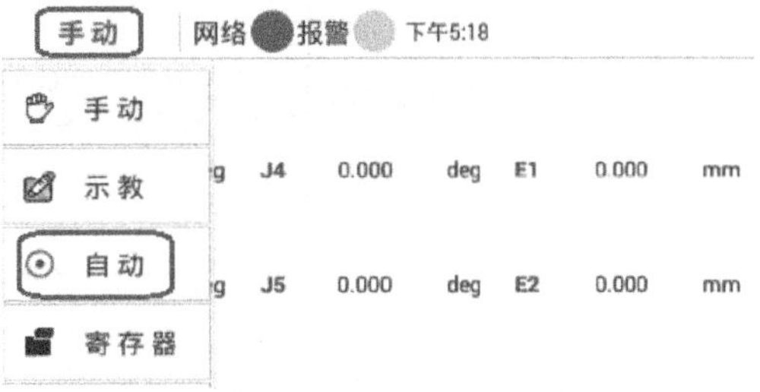
2	加载程序	在画面最下面单击“加载程序”按钮	
3	加载完成	程序“yazhuyanshi”已被加载完成	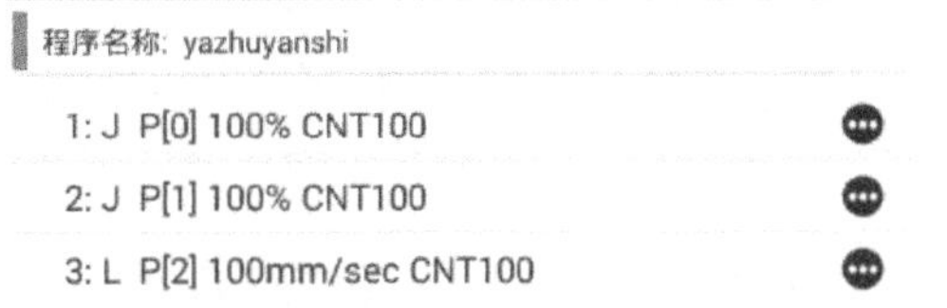
4	单步运行	单击“单步模式”按钮	
5	开始单步动作	单击示教器“开始动作”按钮，每单击一次，机器人程序执行一步	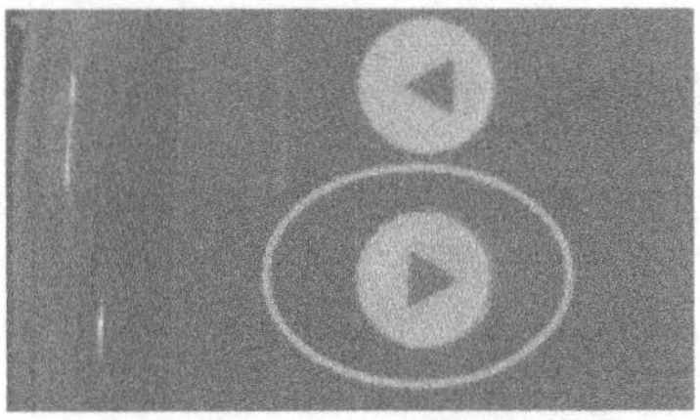
6	调整运行速度	可调整合适的运动速度	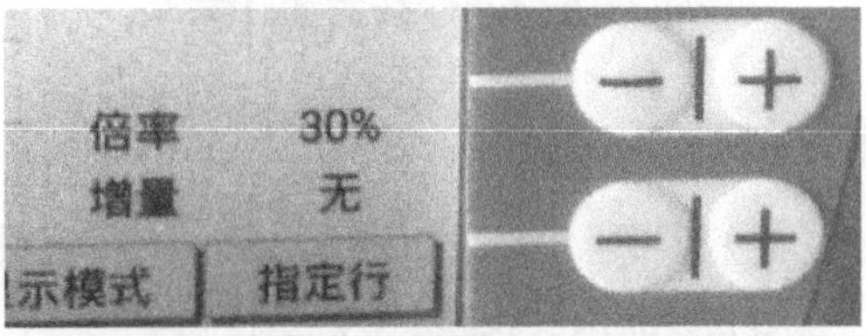
7	单周连续运行	单步调试无问题后进入连续运行模式	
8	开始单周连续动作	单击示教器“开始动作”按钮，程序开始执行	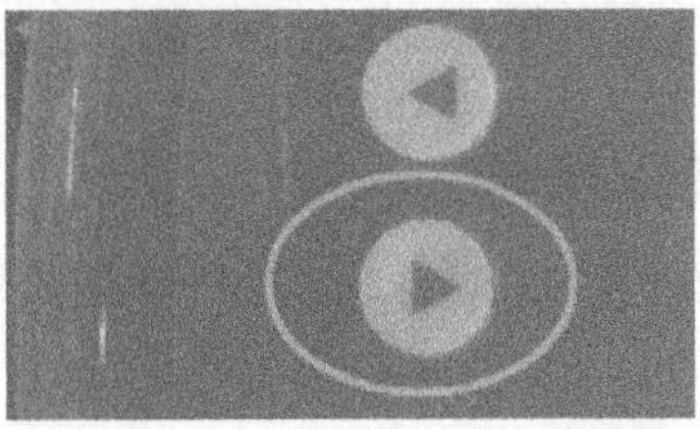
9	循环连续运行	单周连续运行无问题后进入循环连续运行模式	

（续）

序号	步骤	描述	图示
10	开始循环连续动作	单击示教器“开始动作”按钮，程序开始执行	
11	程序暂停与停止	单击示教器“暂停”按钮，程序暂停，单击“停止”按钮，程序停止	

任务5　自动运行压铸取料程序

任务描述

本任务根据调试好的程序开启自动运行。

任务目标

掌握机器人自动运行的操作方法。

任务准备

1）HSR-JR612机器人1台，安装夹具，接通电源和气源。

2）机器人安装座1个、工作台1张、手机外壳4PCS。

3）程序已调试好。

4）安全围栏。

5）安全帽（操作人员佩戴）。

操作步骤

自动运行压铸取料程序的详细操作步骤见表7-6。

注意

进行以下步骤操作，操作人员需佩戴安全帽。

表7-6　自动运行压铸取料程序的操作步骤

序　号	步　骤	描　述	图　示
1	模式选择	通过菜单键选择“自动”模式	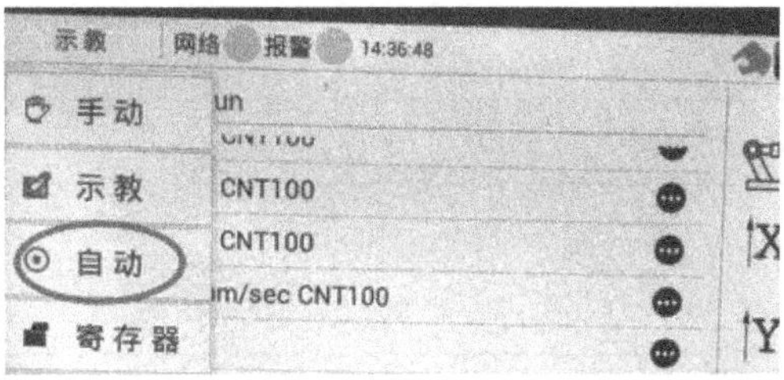
2	加载程序	在画面最下面单击“加载程序”按钮	
3	加载完成	程序“yazhuyanshi”已被加载完成	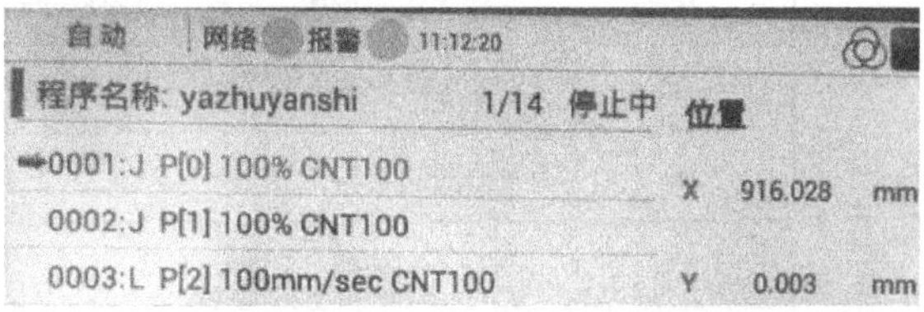
4	调整运行速度	可调整合适的运行速度	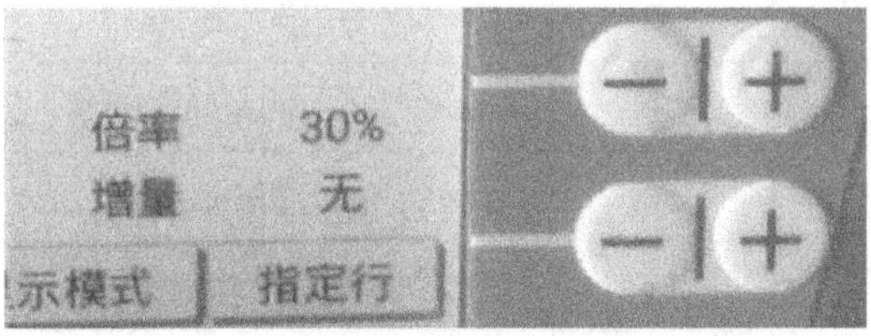
5	循环连续运行	单周连续运行无问题后进入循环连续运行模式	
6	开始循环连续动作	单击示教器“开始动作”按钮，程序开始执行	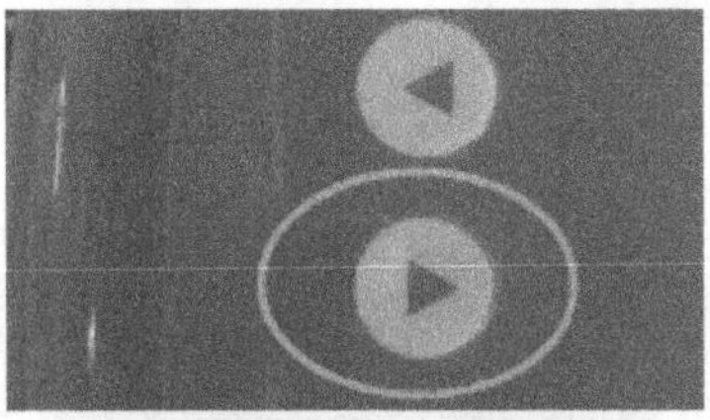
7	程序暂停与停止	单击示教器“暂停”按钮，程序暂停，单击“停止”按钮，程序停止	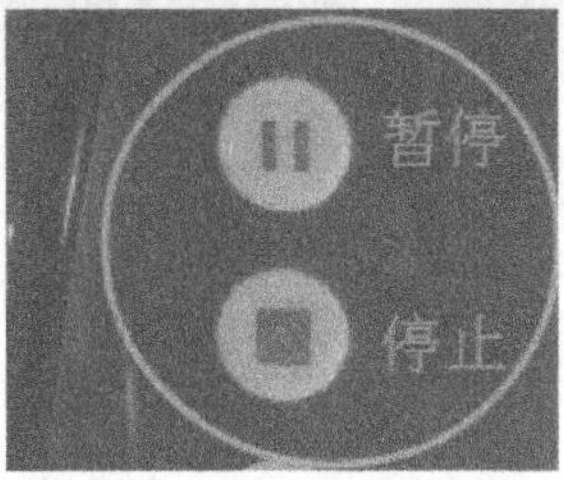

≫ 项目评价

完成本学习项目后，请对学习过程和结果的质量进行评价和总结，并填写表7-7。自我评价由学习者本人填写，小组评价由组长填写，教师评价由任课教师填写。

表7-7 评价反馈表

班级		姓名		学号		日期	
学习任务名称：				在相应框内打√			
自我评价	序号	评价标准		评价结果			
	1	能按时上、下课		□是	□否		
	2	着装规范		□是	□否		
	3	能独立完成任务书的填写		□是	□否		
	4	能利用网络资源、数据手册等查找有效信息		□是	□否		
	5	了解压铸机器人常见的应用		□是	□否		
	6	了解压铸取料工作站的组成		□是	□否		
	7	熟悉工作站动作规划的方法		□是	□否		
	8	能独立完成工作站程序编写		□是	□否		
	9	能独立完成工作站目标点示教		□是	□否		
	10	能独立完成工作站程序调试		□是	□否		
	11	能独立完成工作站程序运行		□是	□否		
	12	学习效果自评等级		□优	□良	□中	□差
	13	经过本任务学习得到提高的技能有：					
小组评价	1	在小组讨论中能积极发言		□优	□良	□中	□差
	2	能积极配合小组成员完成工作任务		□优	□良	□中	□差
	3	在任务中的角色表现		□优	□良	□中	□差
	4	能较好地与小组成员沟通		□优	□良	□中	□差
	5	安全意识与规范意识		□优	□良	□中	□差
	6	遵守课堂纪律		□优	□良	□中	□差
	7	积极参与汇报展示		□优	□良	□中	□差
	8	组长评语： 签名： 年 月 日					

（续）

	序　号	评价标准	评价结果
教师评价	1	参与度	□优　□良　□中　□差
	2	责任感	□优　□良　□中　□差
	3	职业道德	□优　□良　□中　□差
	4	沟通能力	□优　□良　□中　□差
	5	团结协作能力	□优　□良　□中　□差
	6	理论知识掌握	□优　□良　□中　□差
	7	完成任务情况	□优　□良　□中　□差
	8	填写任务书情况	□优　□良　□中　□差
	9	教师评语： 签名： 年　月　日	

思考与拓展

在本项目中通过压铸取料机器人工作站的组成，熟悉压铸取料机器人的操作与编程。在实际生产中，机器人与外部设备通信，如压铸机，往往需要考虑信号互锁问题，就是说压铸机里面有产品，机器人不能去放料，机器人放料过程中，压铸机不能启动生产，如果在该项目中增加输入信号X[1，3]（压铸机里面有料时输出ON），还有取到料后的真空压力信号X[1，2]（夹具吸取到料后输出ON），机器人取压铸件素材到压铸机加工的流程如图7-5所示，那么该流程的程序该如何编写？

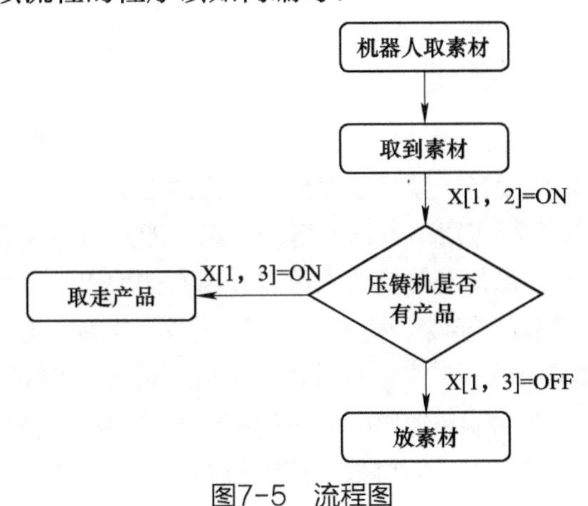

图7-5　流程图

课后练习题

1）指令Y[1，1]=ON的含义为______________________。

2）HSR-JR612机器人控制系统的I/O板提供的常用I/O信号，输入信号X共____点和输出信号Y共______点。

3）完成思考与拓展内容中程序的编写。

项目8　桁架机器人

知识点

- 桁架机器人的组成与应用。
- 桁架机器人的基本操作。
- 桁架机器人I/O信号设置。
- 桁架机器人程序编写、点位记录。
- 桁架机器人调试与运行。
- 桁架机器人常见故障及报警处理。

技能点

- 掌握桁架机器人手动操作方法。
- 了解桁架机器人参数设置方法。
- 掌握桁架机器人I/O信号增加与删除的方法。
- 掌握桁架机器人程序编写及运行。
- 了解桁架机器人常见故障的处理方法。

知识储备

一、直角坐标机器人的常见应用

直角坐标机器人是指在工业应用中，能够实现自动控制、可重复编程、运动自由度仅包含三维空间正交平移的自动化设备。其组成部分包含直线运动轴、运动轴的驱动系统、控制系统、终端设备。可在多领域进行应用，有超大行程、组合能力强等优点。

因末端操作工具的不同，直角坐标机器人可以非常方便地用于各种自动化设备，完成如焊接、搬运、上下料、包装、码垛、拆垛、检测、探伤、分类、装配、贴标、喷码、打码、（软仿型）喷涂、目标跟随、排爆等一系列工作。特别适用于多品种，多批量的柔性化作业，对于提高产品质量，提高劳动生产率，改善劳动条件和产品快速更新换代有着十分重要的作用。

这种类型的机器人普遍应用于计算机数字控制机器（CNC机器）和3D打印领域。最简单的应用是用于铣床和拉丝机，其中钢笔或铣刀在X-Y平面上平移，而刀具升高和降低到表面上以产生精确的设计。拾取和放置机器和绘图仪也基于直角坐标型机器人的工作原理。

二、华数桁架机器人ARA-1000D的组成与应用

1. 华数桁架机器人ARA-1000D的组成

桁架机器人一般由执行系统、驱动系统、控制系统等组成。执行和驱动系统主要是为了

完成手臂的正常功能而设计，通过气动或液压动力来驱动机械部件的运转，达到取物的功能。控制系统则是通过对驱动系统进行控制，使执行系统按照预定的工艺进行操作。华数桁架机器人ARA-1000D由五个轴组成，即U轴、V轴、W轴、A轴、B轴，如图8-1所示。

图8-1　ARA-1000D机器人

U轴：主臂前后移动（相当于Y1）。

V轴：副臂前后移动（相当于Y2）。

W轴：桁架左右移动（相当于X）。

A轴：主臂上下移动（相当于Z1）。

B轴：副臂上下移动（相当于Z2）。

每一个轴都由直线运动模组组成，其中U轴、V轴、W轴为滚珠丝杠型直线运动模组，A轴、B轴为同步带型直线运动模组。

滚珠丝杠型直线运动模组主要组成：滚珠丝杠、直线导轨、铝合金型材、滚珠丝杠支撑座、联轴器、电动机、光电开关等，如图8-2所示。其中滚珠丝杠由螺杆、螺母和滚珠组成。它的功能是将旋转运动转化成直线运动。直线导轨又称滑轨、线性导轨、线性滑轨，用于直线往复运动场合，拥有比直线轴承更高的额定负载，同时可以承担一定的转矩，可在高负载的情况下实现高精度的直线运动。

同步带型直线模组主要组成：传动带、直线导轨、铝合金型材、联轴器、电动机、光电开关等，如图8-3所示。工作原理为传动带安装在直线模组两侧的传动轴，其中作为动力输入轴，在传动带上固定一块用于增加设备工件的滑块。当有输入时，通过带动传动带而使滑块运动。

图8-2　滚珠丝杠型直线运动模组

图8-3　同步带型直线模组

2. 华数桁架机器人ARA-1000D的应用

华数桁架机器人ARA-1000D主要在注射机上使用，负责注射产品下料的工作，所以也叫注射机械手。由于注射机械手能够大幅度地提高生产率和降低生产成本，能够稳定和提高注射产品的质量，避免因人为的操作失误而造成损失。因此，注射机械手在注射生产中的作用变得越来越重要。目前国内的机械手类型比较简单，且大都用于取件。随着注射成型工业的发展，以后将有越来越多的机械手用于上料、混合、自动装卸模具、回收废料等各个工序上，而且将朝着智能化方向发展。塑胶在工业、民生等行业所用材料上占据非常重要的地位，很多材料也陆续被塑料所代替；塑胶的成型包括：注射成型、吸塑成型、吹塑成型、押出成型、压铸成型等，注射成型之应用最为广泛。在汽车、通信、电子、电气、家电、医疗、化妆品、日用品、办公用品等行业极为普及。在传统的注射成型工艺，由最早人工合模成型，到注射机油压合模成型，再演变成今天计算机控制成型工艺，进步不仅反映在产品工艺质量、外观上，还有成型效率等。注射成型竞争日趋白热化，成型质量与效率关系企业生存；成型质量与注射机本身性能、模具工艺及周边环境有关，成型效率与模具精度、成型工艺、生产数量有关；随着注射机操作人员日趋供应紧张，人工生产成本增加，注射机的取出机械手也应用越来越广泛。

任务1　机器人手动基本操作

任务描述

本任务通过熟悉机器人操作界面及按键功能，掌握机器人手动移动的操作方法以及夹具打开、关闭的操作方法。

任务目标

1）掌握机器人手动操作的方法。

2）掌握机器人夹具打开/关闭的操作方法。

任务准备

1）ARA-1000D机器人1台，接通电源和气源。

2）机器人固定座1个。

3）安全围栏。

4）安全帽（操作人员佩戴）。

知识储备

1. 示教器操作介绍（见图8-4）

① 急停按钮。

当有异常状况发生时，按下此按钮，设备会立即停止运转并发出警报音，提醒使用者设备异常。

② 钥匙开关。

钥匙切换为ON，示教器可操作。

钥匙切换为OFF，示教器不可操作。

③ 系统显示灯。

PWR：机器人通电后亮绿色。

RUN：机器人动作时亮绿色，不动作时亮黄色。

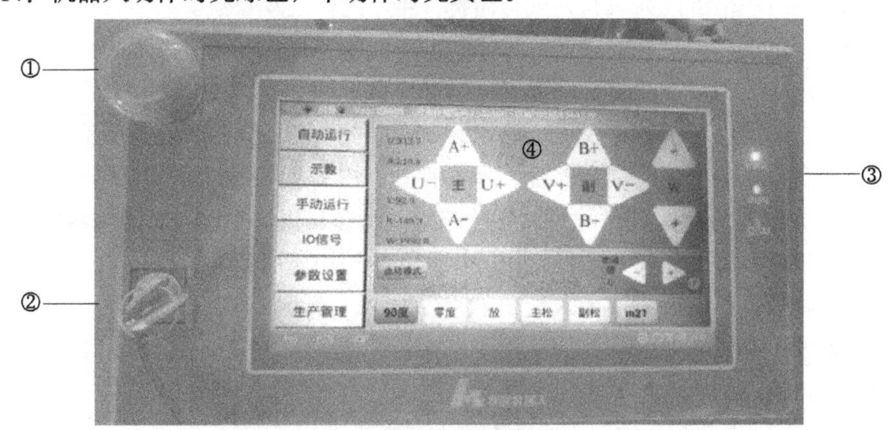

图8-4　示教器

2．手动画面介绍（见图8-5）

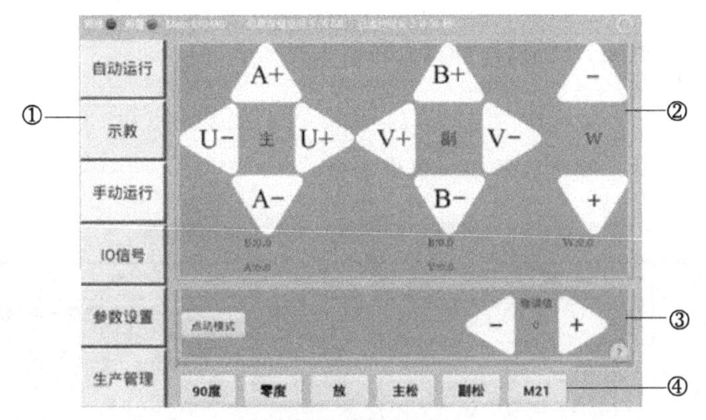

图8-5　手动画面

① 菜单选择。

选择相应菜单进入相应的设置画面。

② 轴移动按钮。

单击相应的轴按钮，机器人会相应地移动，同时下面会显示当前移动的坐标值。如单击“A+/A-”等按钮会使相应的轴移动，当“长按A+/A-”等按钮时，轴会一直移动。

③ 移动模式和移动速度。

手动移动时需单击“点动模式”按钮，修调值为移动速度大小，单击+或–按钮调整修调值的大小（修调值为零时，机械手各轴将无法运行）。

④ 吸盘和夹具的控制。

单击“90度”按钮吸盘执行摆90°。

单击“0度”按钮吸盘执行摆0°。

单击“放”按钮则吸盘执行放（如果显示吸则吸盘执行吸）。

单击“主夹”按钮则执行主臂夹紧（如果显示主松则执行主臂松开）。

单击“副夹”按钮则执行主臂夹紧（如果显示副松则执行副臂松开）。

3. 机器人操作注意事项

1）机械手的行程范围内如果有人或障碍物，绝不可以启动系统。

2）机器异常状况发生后，在未排除异常状况时，绝不可启动系统。

3）系统开启中，若发生异常，则要立即切断电源。

4）在感到有危险状况需停止机械手动作时，请立即单击“紧急停止”按钮停止机械手。

5）机械手在横出或横入时，若按压“紧急停止”开关，将会给本装置带来很大的负荷，也容易引发故障事故发生。因此，除了紧急状态外，请勿在机械手动作时使用紧急停止开关。

6）紧急停止后，必须先将紧急停止原因排除，才可以再次启动。

7）再次启动前，务必要确认无人员在手臂行程内，才可以再次启动。

8）当手臂要下降时，要特别注意手臂是在安全区域内。

9）操作前，请先确认人员是否在手臂行程范围外。

10）如不遵守以上注意事项，则可能发生人员伤害或设备损坏。

操作步骤

机器人手动基本操作的详细操作步骤见表8-1。

注意

进行以下步骤操作，操作人员需佩戴安全帽。

表8-1 机器人手动基本操作的操作步骤

序 号	步 骤	描 述	图 示
1	开启机器人系统	1）合上电源开关 2）机器人系统自动开启 3）确认画面右上角网络灯和报警灯均为绿色	自动运行 示教 手动运行 IO信号 参数设置 生产管理 A+ B+ U- 主 U+ V+ 副 V- A- B- W 点动模式 90度 零度 放 主松 副松 m21
2	示教器钥匙开关切换	钥匙方向指向“ON”	

（续）

序　号	步　骤	描　述	图　示
3	选择菜单	单击“手动运行”按钮	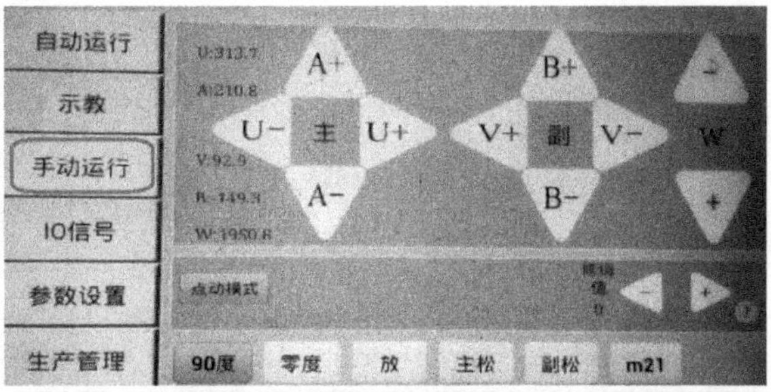
4	选择移动模式	单击“点动模式”按钮	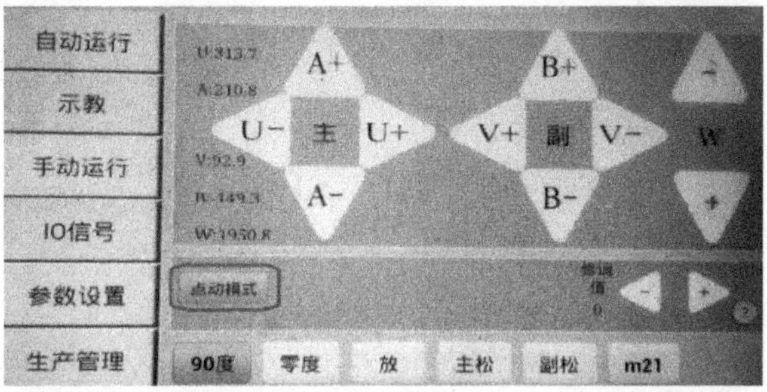
5	选择移动速度	选择合适的修调值，如15	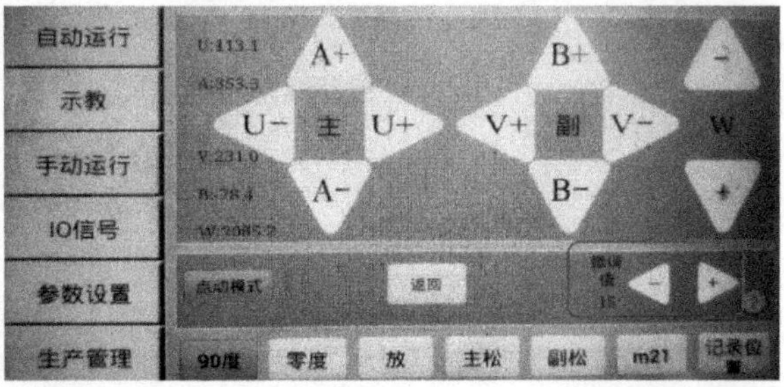
6	移动W轴	1）单击W轴“+”按钮 2）观察W轴坐标值是否变化	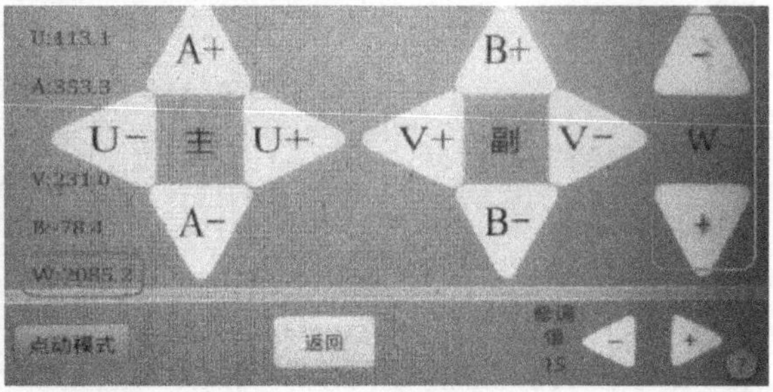
7	移动U轴	1）单击U轴“-”按钮 2）观察U轴坐标值是否变化	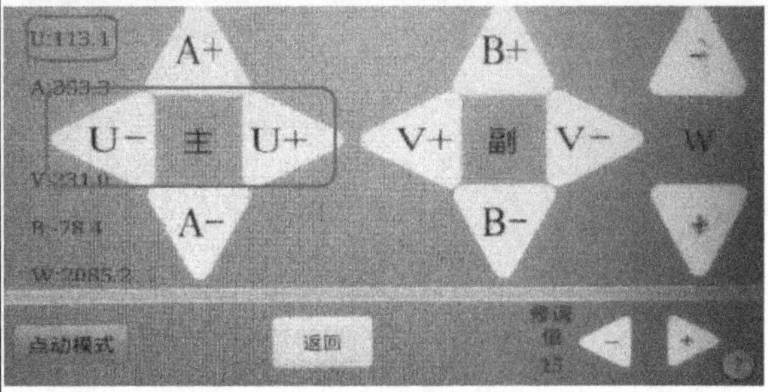

（续）

序　　号	步　　骤	描　　述	图　　示
8	移动A轴	1）单击A轴“+”按钮 2）观察A轴坐标值是否变化	U:113.1 A:353.3 V:231.0 B:-78.4 W:2085.2 A+ U- 主 U+ A- B+ V+ 副 V- B- - W + 点动模式 返回
9	移动V轴	1）单击V轴“+”按钮 2）观察W轴坐标值是否变化	U:113.1 A:353.3 V:231.0 B:-78.4 W:2085.2 A+ U- 主 U+ A- B+ V+ 副 V- B- - W + 点动模式 返回
10	移动B轴	1）单击B轴“-”按钮 2）观察B轴坐标值是否变化	U:113.1 A:353.3 V:231.0 B:-78.4 W:2085.2 A+ U- 主 U+ A- B+ V+ 副 V- B- - W +
11	观察时间各轴是否在移动	在操作步骤6～10时，需同时观察机器人本体是否在移动	华数机器人
12	打开/关闭夹具	1）单击下面的夹具动作按钮 2）观察夹具是否做相应的动作（需接通气源）	自动运行 示教 手动运行 IO信号 参数设置 生产管理 A+ U- 主 U+ A- B+ V+ 副 V- B- - W + 点动模式 90度 零度 放 主松 副松 m21

任务2　机器人I/O信号设置

任务描述

本任务通过操作机器人界面，熟悉机器人I/O信号的设置方法。

任务目标

掌握机器人I/O信号的增加与删除的方法。

任务准备

1）ARA-1000D机器人1台，接通电源和气源。
2）机器人固定座1个。
3）安全围栏。
4）安全帽（操作人员佩戴）。

知识储备

1. I/O信号的认识

机器人I/O信号分输入信号（X）和输出信号（Y）。当信号前的图标为灰色时，表示当前位置无信号，当信号前的图标为绿色时，表示当前位置有信号。

2. I/O信号的表示方法（见图8-6）

模组号为机器人I/O模块号，开始为0；端口号为模块上端口号，开始为0，结束为7，共8个端口；信号说明为对该信号的作用做说明。

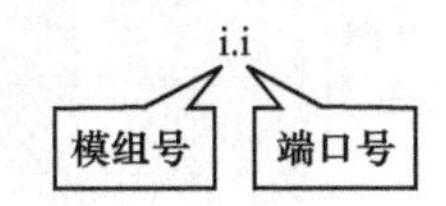

图8-6　信号表示方法

如输入信号（X）“0.0　90度到位”，指的是当主臂上夹具90°运行到位时，0号输入模组0号端口输入有效，输入为ON。

如输出信号（Y）“1.3　主臂夹紧”，指的是当1号输出模组3号端口输出有效时，即输出为ON，主臂上的夹具执行夹紧动作。

机器人上的I/O信号用户可自行定义，但定义后需与机器人I/O模块硬件配上相对应的接线I/O信号才有效，与PLC操作类似。I/O信号画面如图8-7所示。

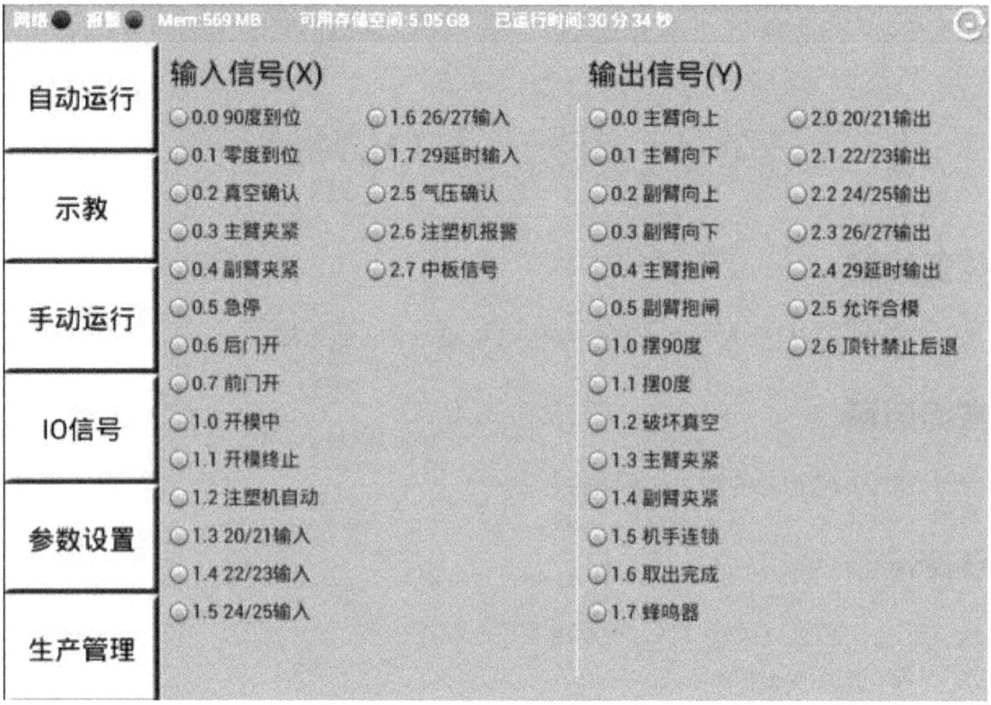

图8-7　I/O信号画面

操作步骤

下面将介绍机器人I/O信号添加与删除的操作步骤，具体步骤见表8-2。

表8-2　机器人I/O信号设置的操作步骤

序　号	步　骤	描　述	图　示
1	开启机器人系统	1）合上电源开关 2）机器人系统自动开启 3）确认画面右上角网络灯和报警灯均为绿色	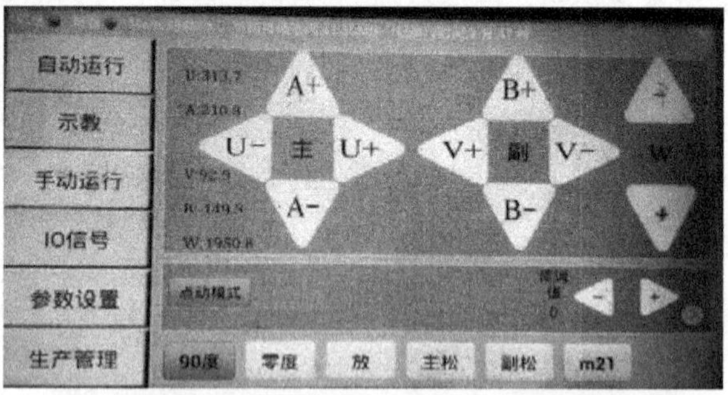
2	示教器钥匙开关切换	钥匙方向指向“ON”	

（续）

序号	步骤	描述	图示
3	选择菜单	单击“IO信号”按钮	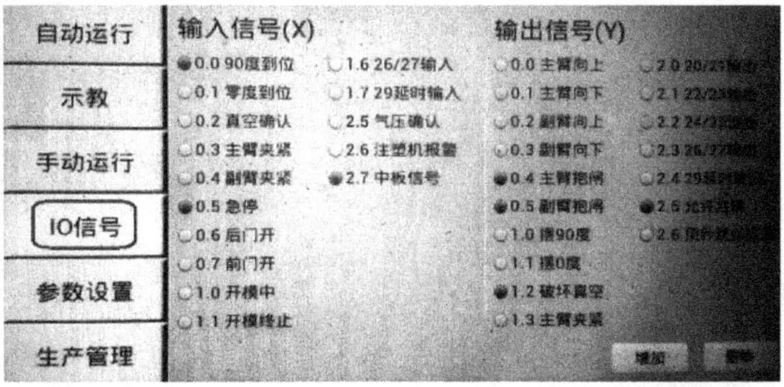 自动运行 示教 手动运行 IO信号 参数设置 生产管理 输入信号(X) 0.0 90度到位 0.1 零度到位 0.2 真空确认 0.3 主臂夹紧 0.4 副臂夹紧 0.5 急停 0.6 后门开 0.7 前门开 1.0 开模中 1.1 开模终止 1.6 26/27输入 1.7 29延时输入 2.5 气压确认 2.6 注塑机报警 2.7 中板信号 输出信号(Y) 0.0 主臂向上 0.1 主臂向下 0.2 副臂向上 0.3 副臂向下 0.4 主臂抱闸 0.5 副臂抱闸 1.0 摆90度 1.1 摆0度 1.2 破坏真空 1.3 主臂夹紧
4	增加信号输入信号（X）	单击“增加”按钮	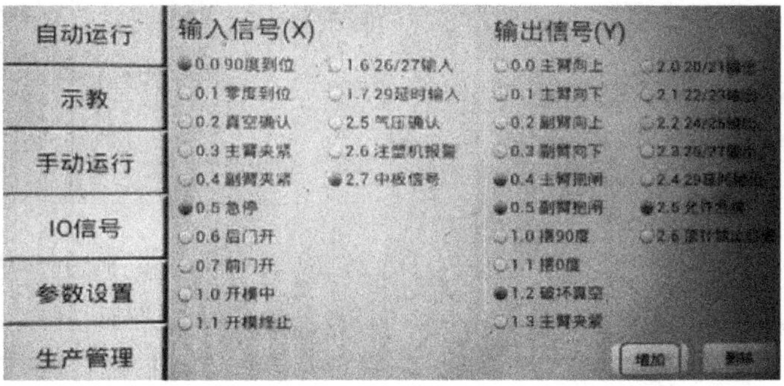 自动运行 示教 手动运行 IO信号 参数设置 生产管理 输入信号(X) 0.0 90度到位 0.1 零度到位 0.2 真空确认 0.3 主臂夹紧 0.4 副臂夹紧 0.5 急停 0.6 后门开 0.7 前门开 1.0 开模中 1.1 开模终止 1.6 26/27输入 1.7 29延时输入 2.5 气压确认 2.6 注塑机报警 2.7 中板信号 输出信号(Y) 0.0 主臂向上 0.1 主臂向下 0.2 副臂向上 0.3 副臂向下 0.4 主臂抱闸 0.5 副臂抱闸 1.0 摆90度 1.1 摆0度 1.2 破坏真空 1.3 主臂夹紧 增加 删除
5	选择信号类型	单击“输入信号”按钮	 增加信号 增加信号 输入信号 输出信号 确认 取消
6	输入信号信息	1）输入“3.1 45到位” 2）单击“确认”按钮	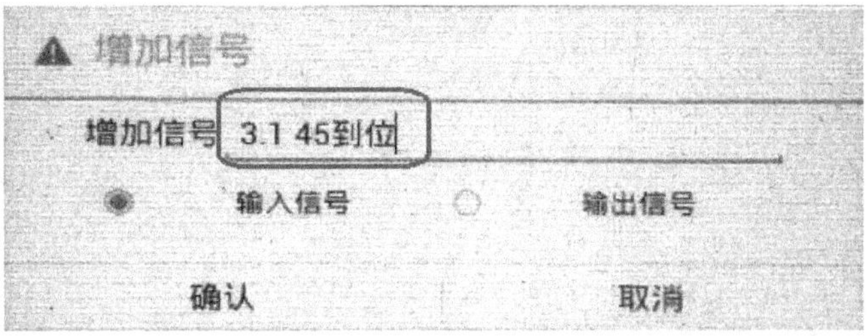 增加信号 增加信号 3.1 45到位 输入信号 输出信号 确认 取消

（续）

序　号	步　骤	描　述	图　示
7	确认信号增加成功	在输入信号（X）界面找到“3.1　45到位”	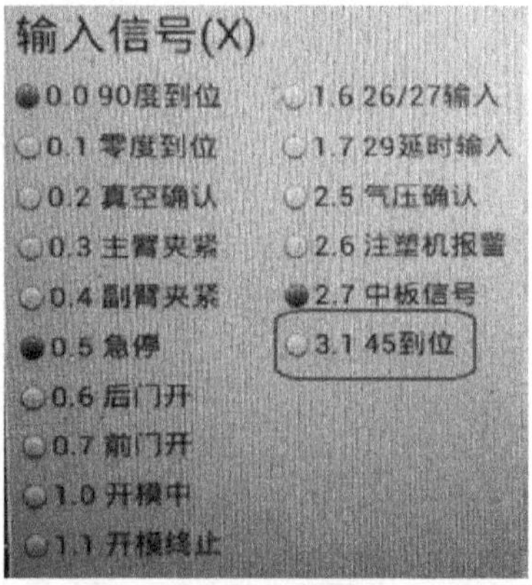
8	增加信号输出信号（Y）	单击“增加”按钮	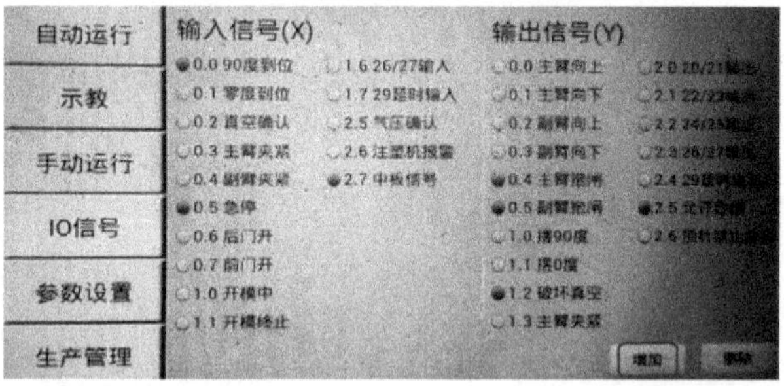
9	编辑信号	1）单击“输出信号”按钮 2）输入“3.2　90到位” 3）单击“确认”按钮	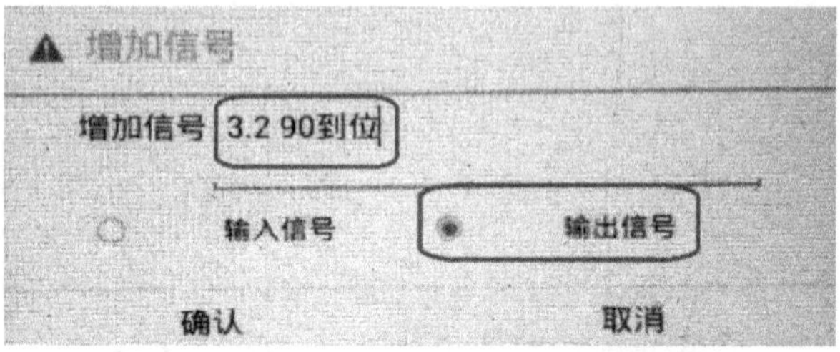
10	确认信号增加成功	在输出信号（Y）界面找到“3.2　90到位”	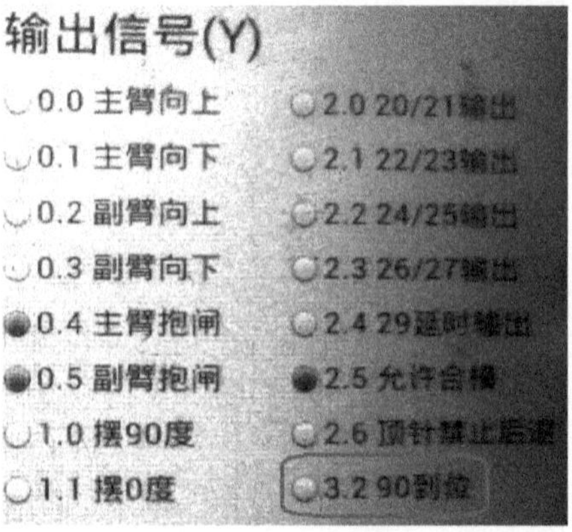

（续）

序　号	步　骤	描　述	图　示
11	删除信号输入信号（X）	单击右下角的“删除”按钮	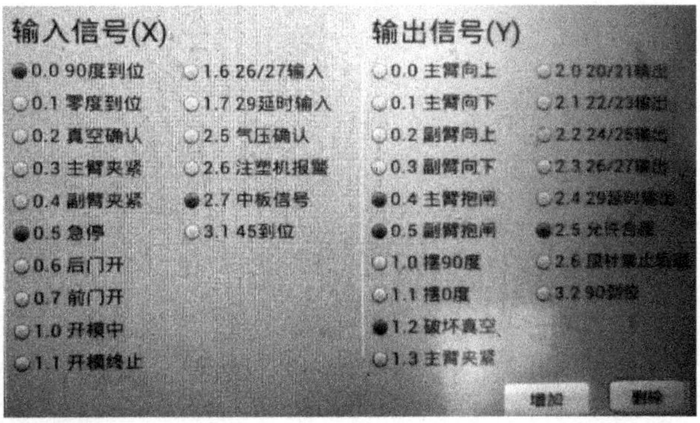 输入信号(X) 0.0 90度到位　1.6 26/27输入 0.1 零度到位　1.7 29延时输入 0.2 真空确认　2.5 气压确认 0.3 主臂夹紧　2.6 注塑机报警 0.4 副臂夹紧　2.7 中板信号 0.5 急停　3.1 45到位 0.6 后门开 0.7 前门开 1.0 开模中 1.1 开模终止 输出信号(Y) 0.0 主臂向上 0.1 主臂向下 0.2 副臂向上 0.3 副臂向下 0.4 主臂抱闸 0.5 副臂抱闸 1.0 摆90度 1.1 摆0度 1.2 破坏真空 1.3 主臂夹紧 增加　删除
12	选择信号类型	单击“输入信号”按钮	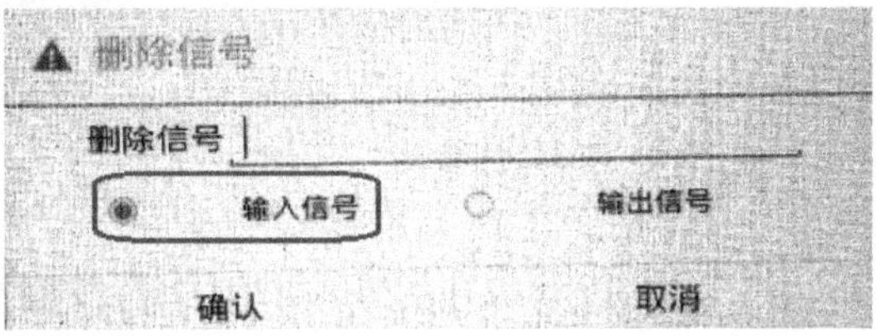 删除信号 删除信号 输入信号　输出信号 确认　取消
13	输入信号编号	1）输入“3.1” 2）单击“确认”按钮	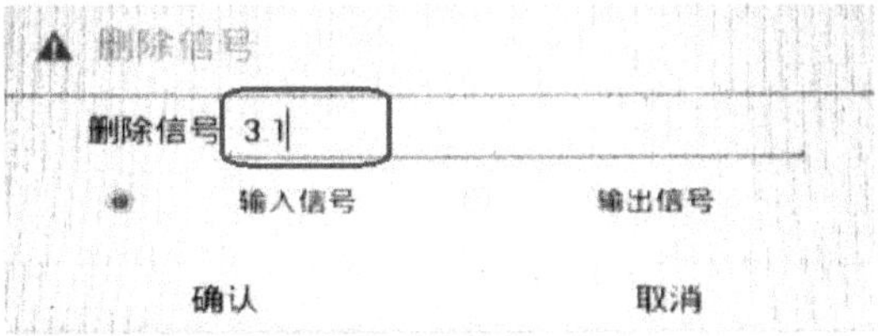 删除信号 删除信号 3.1 输入信号　输出信号 确认　取消
14	确认信号已被删除	在输入信号（X）界面确认“3.1 45到位”已被删除	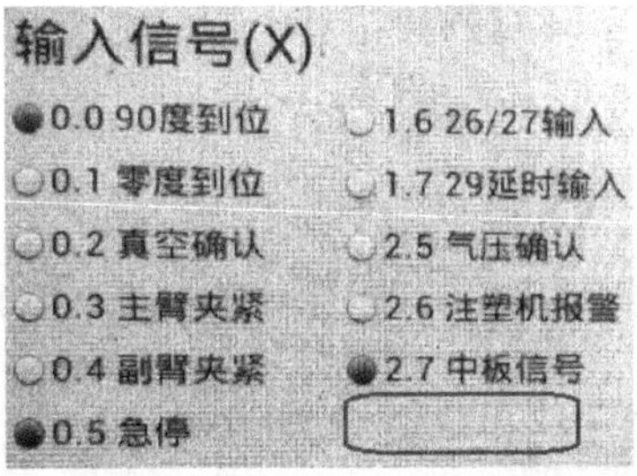 输入信号(X) 0.0 90度到位　1.6 26/27输入 0.1 零度到位　1.7 29延时输入 0.2 真空确认　2.5 气压确认 0.3 主臂夹紧　2.6 注塑机报警 0.4 副臂夹紧　2.7 中板信号 0.5 急停
15	删除信号输出信号（Y）	单击右下角“删除”按钮	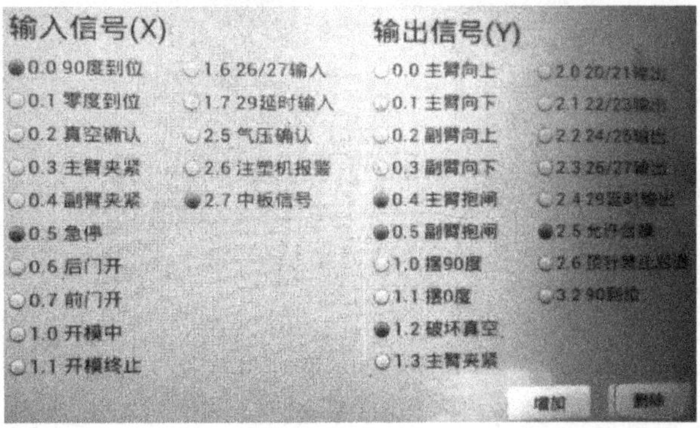 输入信号(X) 0.0 90度到位　1.6 26/27输入 0.1 零度到位　1.7 29延时输入 0.2 真空确认　2.5 气压确认 0.3 主臂夹紧　2.6 注塑机报警 0.4 副臂夹紧　2.7 中板信号 0.5 急停 0.6 后门开 0.7 前门开 1.0 开模中 1.1 开模终止 输出信号(Y) 0.0 主臂向上 0.1 主臂向下 0.2 副臂向上 0.3 副臂向下 0.4 主臂抱闸 0.5 副臂抱闸 1.0 摆90度 1.1 摆0度 1.2 破坏真空 1.3 主臂夹紧 增加　删除

（续）

序号	步骤	描述	图示
16	编辑信号	1）单击“输入信号”按钮 2）输入“3.2” 3）单击“确认”按钮	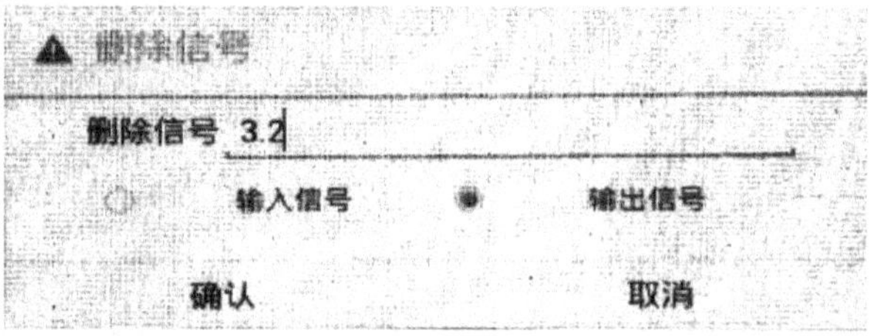
17	确认信号已被删除	在输出信号（Y）界面确认“3.2 90到位”已被删除	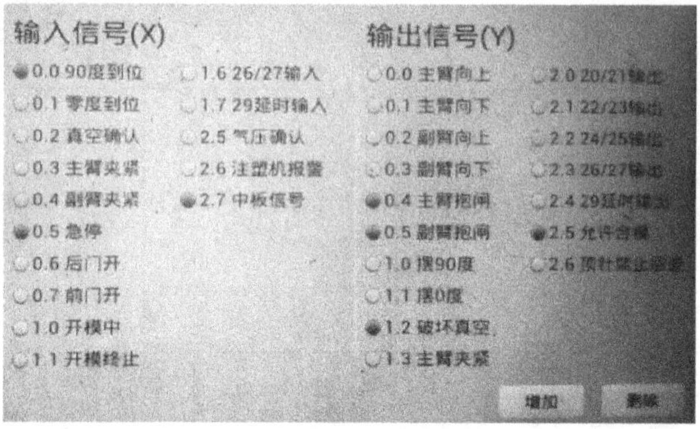

任务3　创建机器人程序

≫ 任务描述

本任务依据项目任务需求，建立对应的机器人程序及示教对应的目标点。

≫ 任务目标

1）掌握桁架机器人程序建立的方法。

2）掌握桁架机器人点位示教的方法。

≫ 任务准备

1）ARA-1000D机器人1台，接通电源和气源。

2）机器人固定座1个。

3）安全围栏。

4）安全帽（操作人员佩戴）。

知识储备

1. 示教画面内容介绍（见图8-8）

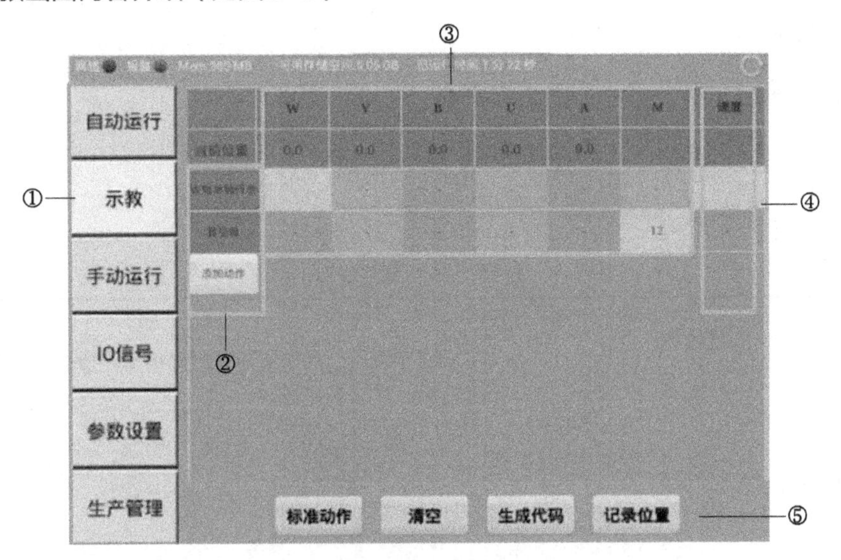

图8-8 示教画面

① 菜单选择。

选择相应菜单进入相应的设置画面。

② 动作内容。

机器人动作顺序，机器人从上到下执行该动作内容，每一个动作内容所对应的坐标值或数值在区域③显示。“添加动作”指的是在目前动作内容里添加其他动作内容。

③ 轴号及对应的移动坐标值。

最上面一栏为当前轴坐标值，每一列对应该轴移动的坐标值，与区域②的顺序动作内容配合，两者之间的交点就是该顺序动作对应的移动坐标值（一个动作可以对应多个轴的移动坐标值）。栏内显示“-”代表该轴不移动。

④ 速度设置。

可以对每个顺序的动作进行速度设置。

⑤ 程序编写菜单栏。

标准动作：添加机器人的标准动作，系统预设了4个标准动作：主副臂工作、主臂工作、主副臂工作堆叠、主臂工作堆叠。

清空：清空已编写的顺序动作内容。

生成代码：机器人顺序动作添加完成后，需要生成代码才能自动运行。

记录位置：顺序动作对应各轴的位置，可以通过记录位置来完成。单击“记录位置”按钮，会切换到手动运行界面，移动对应的轴到指定的位置，然后保存位置。

2. 程序编写方法

桁架机器人的程序内容为顺序动作控制，机器人动作按照设定好的顺序动作内容一步一步执行。程序编写时，需先添加动作内容，再手动输入或示教输入该动作对应的移动轴的坐标值，最后还要设置运行速度。坐标值的单位为mm，速度的单位为mm/min。单击每一个动作，可以修改动作内容、删除动作和插入其他动作。所有动作都添加完成后，才能生成代码，机器人程序即编写完成。

操作步骤

创建机器人程序的详细操作步骤见表8-3。

注意

进行以下步骤操作，操作人员需佩戴安全帽。

表8-3　创建机器人程序的操作步骤

序　号	步　骤	描　述	图　示
1	开启机器人系统	1）合上电源开关 2）机器人系统自动开启 3）确认画面右上角网络灯和报警灯均为绿色	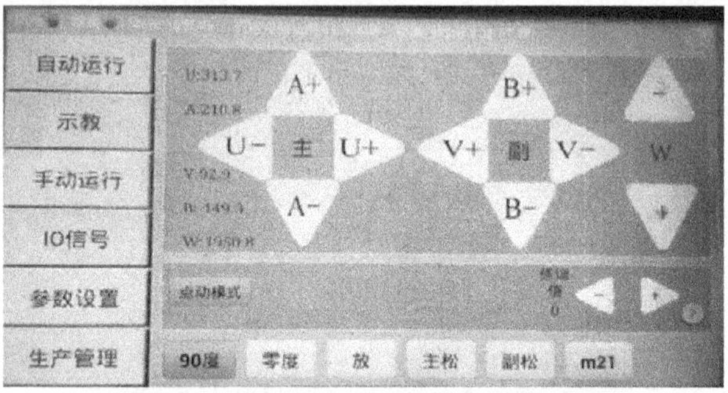 自动运行 示教 手动运行 IO信号 参数设置 生产管理 U:313.7 A:210.8 V:92.9 B:149.3 W:1950.8 A+ U- 主 U+ A- B+ V+ 副 V- B- W 点动模式 90度 零度 放 主松 副松 m21
2	示教器钥匙开关切换	钥匙方向指向“ON”	 OFF ON
3	选择菜单	单击“示教”按钮	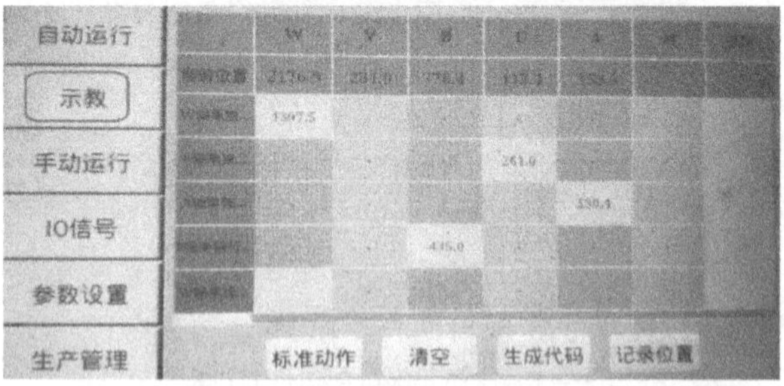 自动运行 示教 手动运行 IO信号 参数设置 生产管理 W V B U A 当前位置 2176.9 231.0 1307.5 261.0 230.4 435.0 标准动作 清空 生成代码 记录位置
4	选择要添加的顺序动作内容	单击“W轴单独行走”按钮	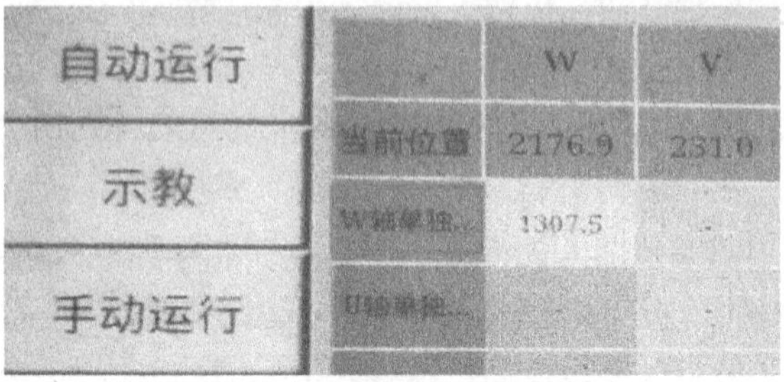 自动运行 示教 手动运行 W V 当前位置 2176.9 231.0 W轴单独... 1307.5 U轴单独...

（续）

序　号	步　骤	描　述	图　示
5	插入动作内容	单击“插入”按钮	 当前动作 W轴单独行走 插入　修改　删除　取消
6	选择要插入的动作内容	1）选择“W轴单独行走”选项 2）单击“确定”按钮	动作选择 W轴单独行走 U轴单独行走 V轴单独行走
7	动作内容添加完成	在原W轴单独行走动作上添加了一条“W轴单独行走”动作指令	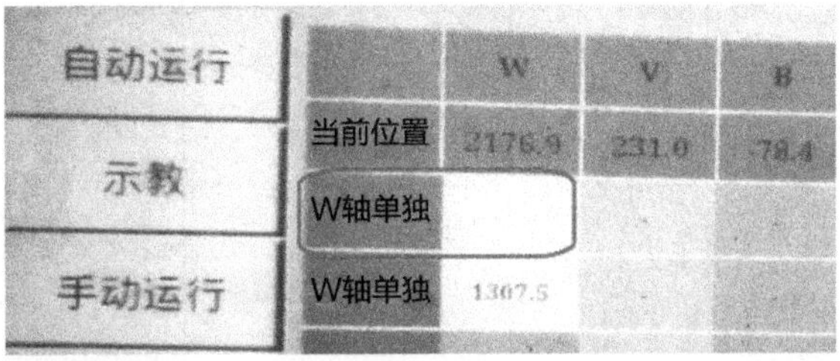 自动运行　示教　手动运行 W　V　B 当前位置　2176.9　231.0　78.4 W轴单独 W轴单独　1307.5
8	输入坐标值	1）单击W列对应的空白处 2）输入“500” 3）单击“确认”按钮	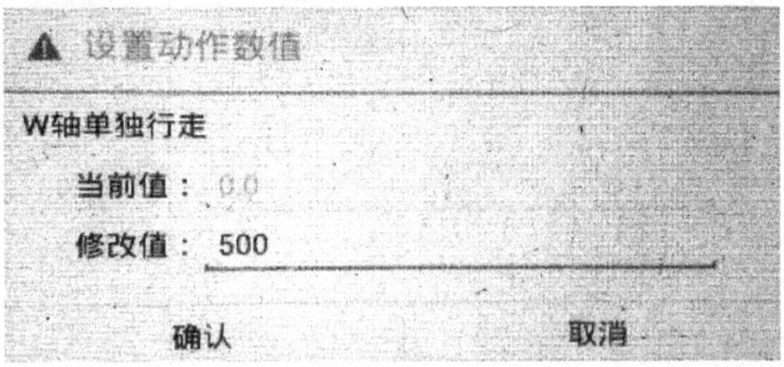 设置动作数值 W轴单独行走 当前值：0.0 修改值：500 确认　取消
9	输入完成	W轴的坐标值输入完成	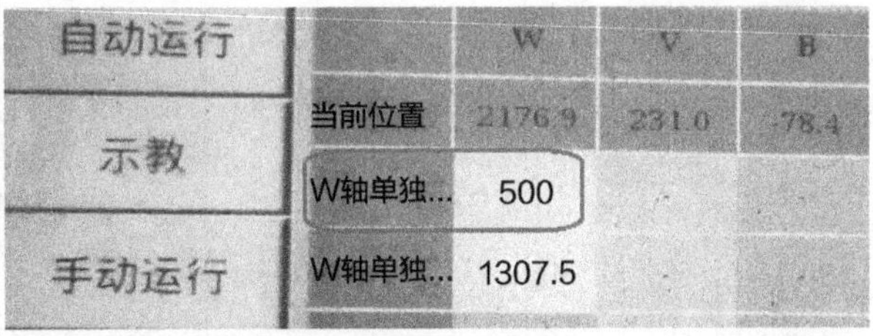 自动运行　示教　手动运行 W　V　B 当前位置　2176.9　231.0　78.4 W轴单独…　500 W轴单独…　1307.5
10	更新坐标值	通过记录位置的方法更新坐标值	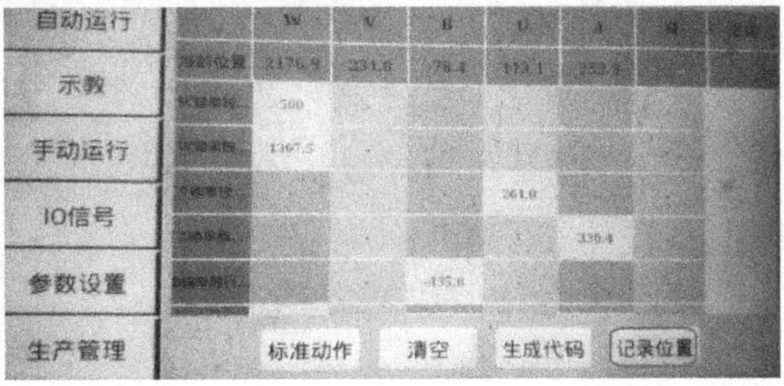 自动运行　示教　手动运行　IO信号　参数设置　生产管理 当前位置　2176.9　231.0　78.4 500 1307.5 261.0 330.4 -135.0 标准动作　清空　生成代码　记录位置

（续）

序号	步骤	描述	图示
11	移动W轴	手动移动W轴到适当位置	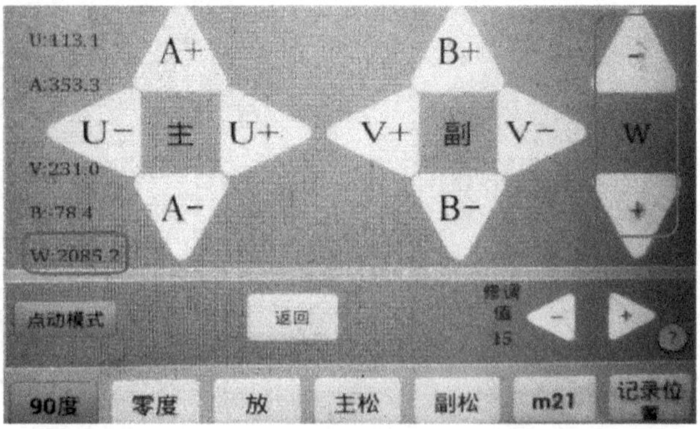 U:113.1 A:353.3 V:231.0 B:-78.4 W:2085.2 A+ U− 主 U+ A− B+ V+ 副 V− B− − W + 点动模式 返回 修调值 15 90度 零度 放 主松 副松 m21 记录位置
12	记录位置	单击画面右下角的“记录位置”按钮	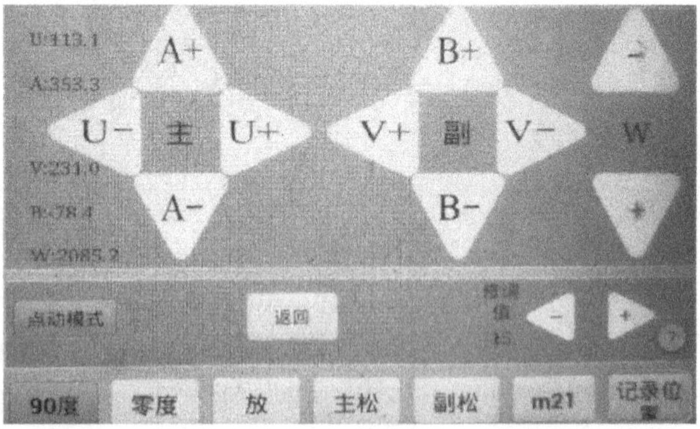 U:113.1 A:353.3 V:231.0 B:-78.4 W:2085.2 A+ U− 主 U+ A− B+ V+ 副 V− B− − W + 点动模式 返回 修调值 15 90度 零度 放 主松 副松 m21 记录位置
13	获取坐标值	单击W右边空白处	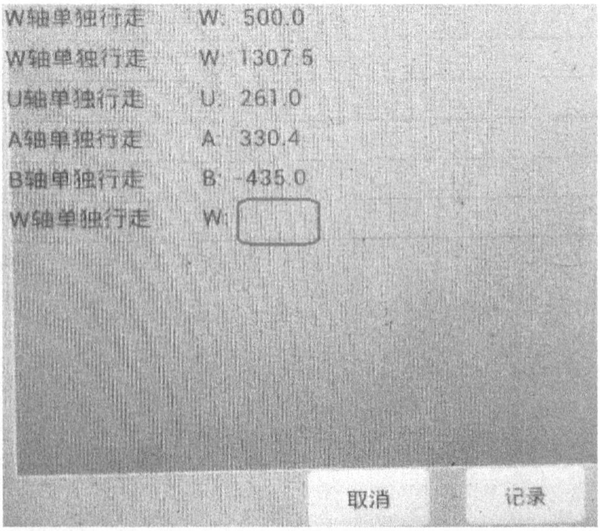 W轴单独行走 W: 500.0 W轴单独行走 W: 1307.5 U轴单独行走 U: 261.0 A轴单独行走 A: 330.4 B轴单独行走 B: -435.0 W轴单独行走 W: 取消 记录

（续）

序号	步骤	描述	图示
14	记录数据	1）确认W坐标值已显示出来 2）单击“记录”按钮	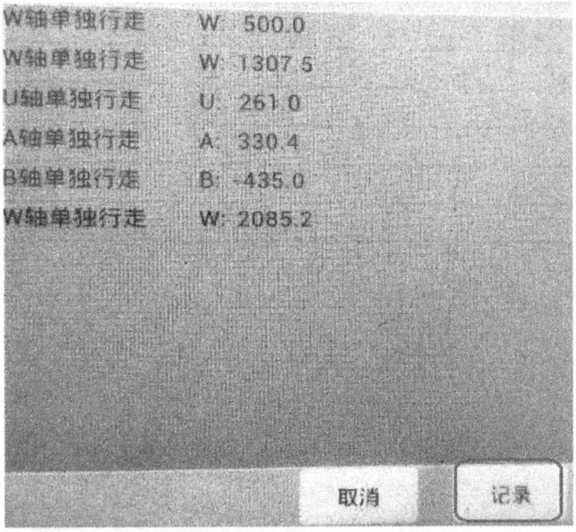
15	W坐标值更新完成	确认W坐标值与记录的一致，坐标值更新完成	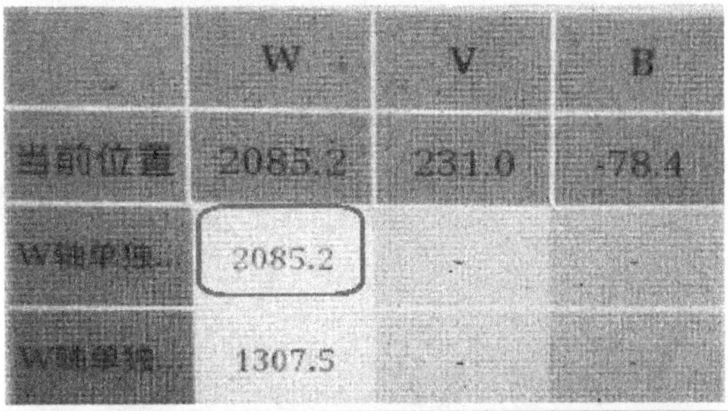
16	修改速度	单击动作内容“W轴单独行走”行对应的速度值	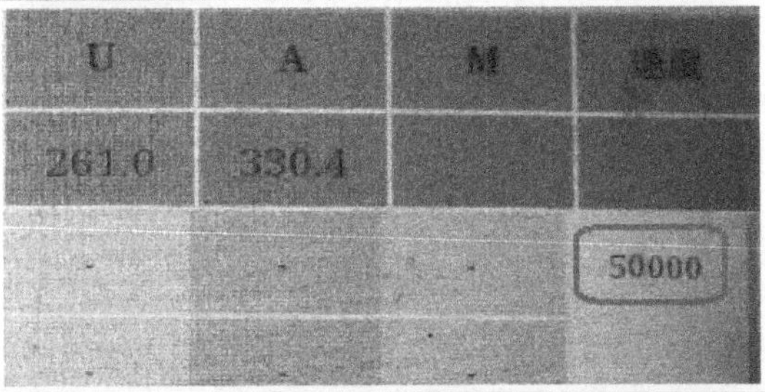
17	输入修改值	1）将速度修改为“55000” 2）单击“确认”按钮	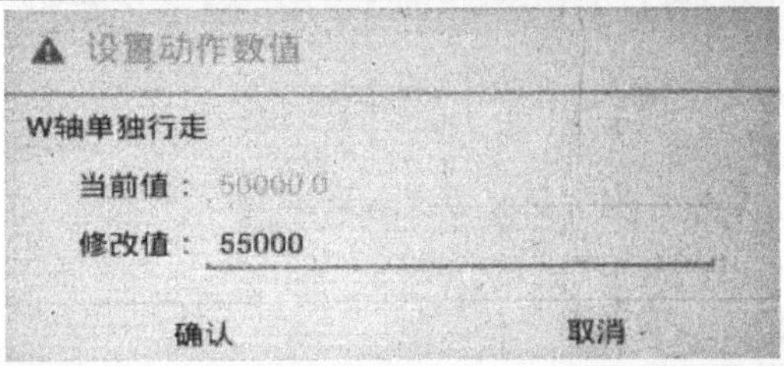
18	修改完成	速度修改完成	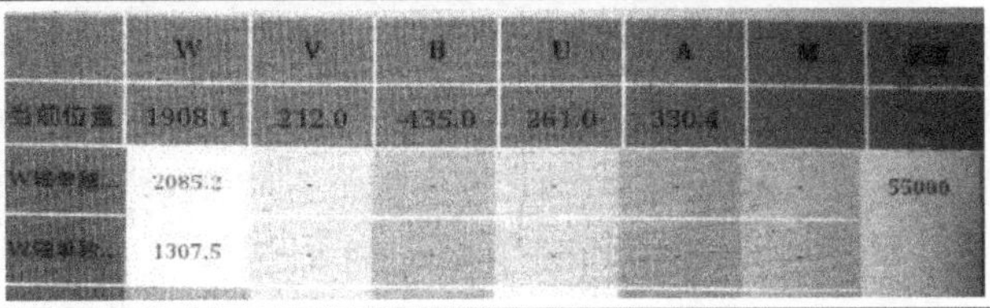

（续）

序　号	步　骤	描　述	图　示
19	生产代码	在动作添加完成后，单击“生成代码”按钮。	IO信号 参数设置 生产管理 标准动作 清空 生成代码 记录位置 113 261.0 222.2
20	代码命名	1）输入代码名称“hj yanshi” 2）单击“确认”按钮	生成g代码 g代码名称： hj yanshi 确认 取消
21	机器人程序建立完成		

任务4　自动运行程序

任务描述

本任务根据调试好的程序进行自动运转。

任务目标

掌握机器人自动运行的操作方法。

任务准备

1）ARA-1000D机器人1台，接通电源和气源。

2）机器人固定座1个。

3）安全围栏。

4）安全帽（操作人员佩戴）。

操作步骤

用户可通过编写好的G代码，在选择G代码并启动后，机械手会根据G代码的内容进行相应的动作，运行界面上会显示出当前各个轴的坐标值、速度值以及误差值，还显示出取料时间、合成速度以及报警信息和当前运行的G代码名称。

自动运行程序详细操作步骤见表8-4。

注意

进行以下步骤操作，操作人员需佩戴安全帽。

表8-4　自动运行程序操作步骤

序　号	步　骤	描　述	图　示
1	选择菜单	单击“自动运行”按钮	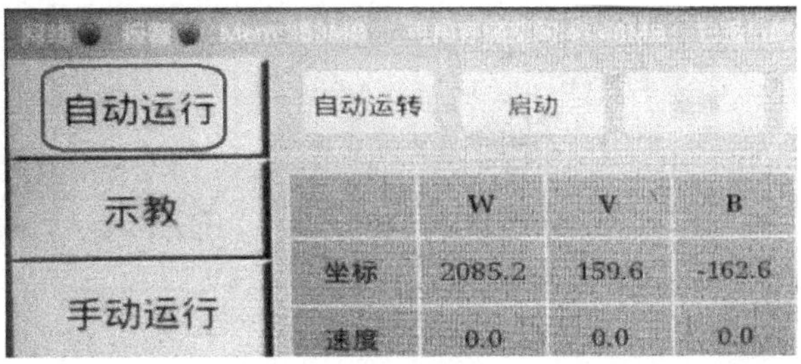
2	加载程序	单击“加载程序”按钮	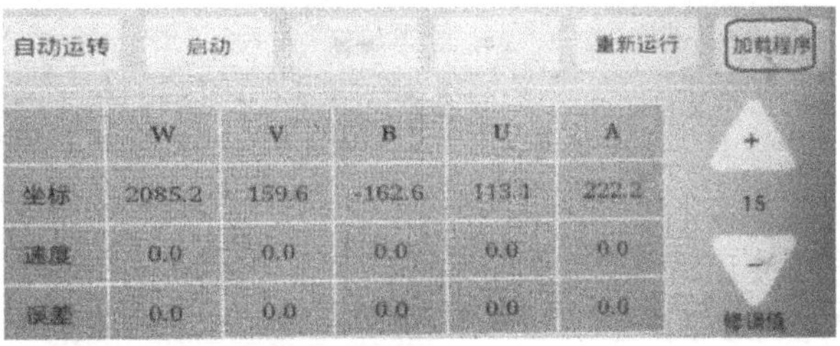
3	选择程序	选择程序“Ohj yanshi”	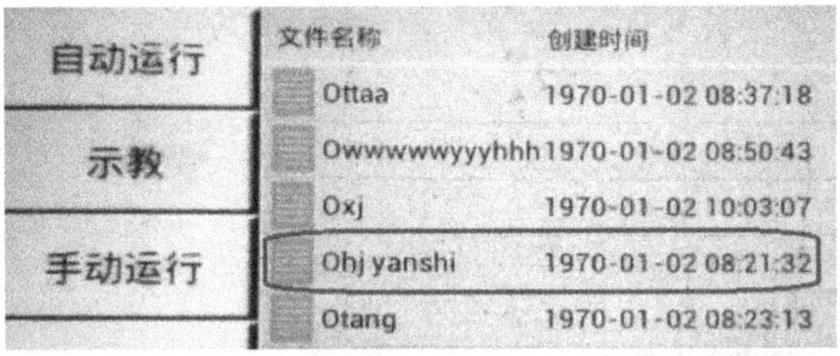
4	自动运转	单击“自动运转”按钮	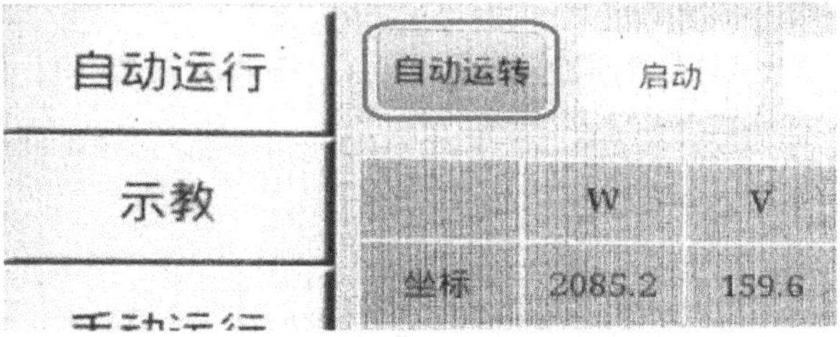
5	启动	单击“启动”按钮	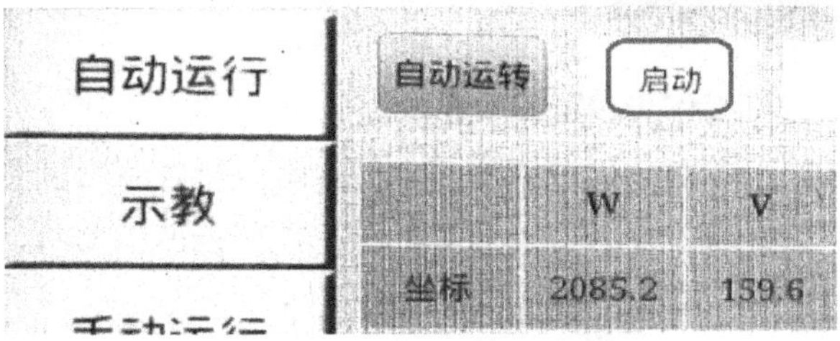

（续）

序　号	步　骤	描　述	图　示
6	暂停与停止	1）单击“暂停”按钮机器人暂停运行，再次运行需单击“启动”按钮 2）单击“停止”按钮机器人停止运行，再次运行需单击“重新运行”按钮	

任务5　设置系统参数

≫ 任务描述

本任务主要为了解系统参数的内容及设置方法。

≫ 任务目标

掌握系统参数设置的方法。

≫ 任务准备

1）ARA-1000D机器人1台，接通电源和气源。

2）机器人固定座1个。

3）安全围栏。

4）安全帽（操作人员佩戴）。

≫ 操作步骤

详细操作步骤见表8-5。

查看参数可以选择查看全部参数以及查看默认参数，选择想要查看的参数，输入密码后可进入查看。在查看参数时，单击想要修改的参数，会弹出如图8-9所示的界面，输入参数值，单击“确认”按钮即可。

表8-5　系统参数设置操作步骤

序　　号	步　　骤	描　　述	图　　示
1	开启机器人系统	1）合上电源开关 2）机器人系统自动开启 3）确认画面右上角网络灯和报警灯均为绿色	
2	示教器钥匙开关切换	钥匙方向指向“ON”	
3	选择菜单	单击“参数设置”按钮	
4	选择需要设置的参数	需要输入相应的密码	

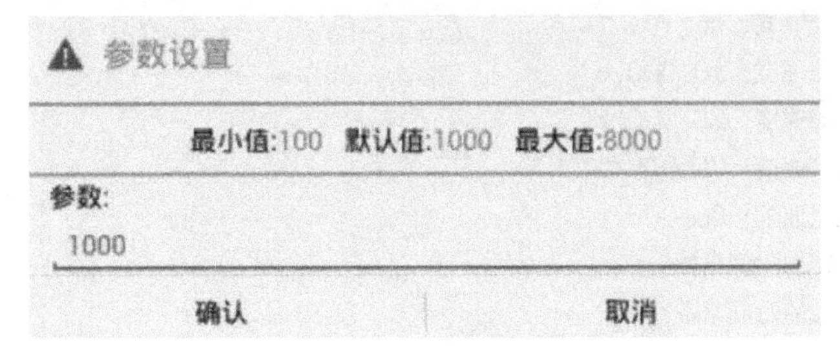

图8-9　参数设置

➤ 详细参数内容及设置值

NC　参数

000002 PLC2　周期执行语句数：400 ；

机床用户参数

010017　机床用户参数：0x1f ;

010333　用户参数【33】：设为65 536 （2 的 16　次方）;

010334　用户参数【34】：设为100 000 ;

010335　用户参数【35】：设为1000 （实际设为主副臂位于零点时的距离）;

010336　用户参数【36】：设为100 （允许的主副臂安全距离）;

010337　用户参数【37】：设为-300 （主臂安全高度）;

010338　用户参数【38】：设为-300 （副臂安全高度）;

010339　用户参数【39】：设为900 （W轴在注射机正方向范围内）;

010340　用户参数【40】：设为-900 （W轴在注射机负方向范围内）;

010341　用户参数【41】：设为2198 （W轴正极限）;

010351　用户参数【51】：设为2000 （内部延时二时间设定）;

010352　用户参数【52】：设为600或-300 ; （模内安全范围的正向位置）;

010353　用户参数【53】：设为300或-600 ; （模内安全范围的负向位置）;

010354　用户参数【54】：设为60 （等待开模信号时间）;

通道参数

040001 X　坐标轴轴号：设为0 ;

040002 Y　坐标轴轴号：设为1 ;

040003 Z　坐标轴轴号：设为2 ;

040004 A　坐标轴轴号：设为3 ;

040005 B　坐标轴轴号：设为4 ;

坐标轴参数

坐标轴 0

100000　显示轴名：W ;

100001　轴类型：设为1 ;

100004　电子齿轮比分子：设为176 000 ;

100005　电子齿轮比分母：设为917 504 ;

100006　正软极限坐标：设为2100 ;

100007　负软极限坐标：设为-5 ;

100010　回参考点模式：设为0 ;

100012　编码器反馈偏置量：0 ;

100032　慢速点动速度：10 000 ;

100033　快速点动速度：20 000 ;

100034　最大快移速度：70 000 ;

100035　最大加工速度：60 000 ;

100036　快移加减速时间常数：8 ;

100038　加工加减速时间常数：8 ;

100060　定位允差：设为0 ;

100061　最大跟踪误差：设为50;

100067　轴每转脉冲数：设为917 504 ;

坐标轴 1

101000　显示轴名：U ;

101001　轴类型：设为1 ;

101004 电子齿轮比分子：设为144 000 ；
101005 电子齿轮比分母：设为917 504 ；
101006 正软极限坐标：设为900 ；
101007 负软极限坐标：设为-5 ；
101010 回参考点模式：设为0 ；
101012 编码器反馈偏置量：0 ；
101032 慢速点动速度：20 000 ；
101033 快速点动速度：40 000 ；
101034 最大快移速度：60 000 ；
101035 最大加工速度：60 000 ；
101036 快移加减速时间常数：4 ；
101038 加工加减速时间常数：4 ；
101060 定位允差：设为0 ；
101061 最大跟踪误差：设为50;
101067 轴每转脉冲数：设为917 504 ；
坐标轴 2
102000 显示轴名：V ；
102001 轴类型：设为 1 ；
102004 电子齿轮比分子：设为144 000 ；
102005 电子齿轮比分母：设为917 504 ；
102006 正软极限坐标：设为400 ；
102007 负软极限坐标：设为-5 ；
102010 回参考点模式：设为0 ；
102012 编码器反馈偏置量：0 ；
102032 慢速点动速度：20 000 ；
102033 快速点动速度：40 000 ；
102034 最大快移速度：60 000 ；
102035 最大加工速度：60 000 ；
102036 快移加减速时间常数：4 ；
102038 加工加减速时间常数：4 ；
102060 定位允差：设为0 ；
102061 最大跟踪误差：设为50;
102067 轴每转脉冲数：设为917 504 ；
坐标轴 3
103000 显示轴名：A ；
103001 轴类型：设为 1 ；
103004 电子齿轮比分子：设为288 000 ；
103005 电子齿轮比分母：设为917 504 ；
103006 正软极限坐标：设为5 ；
103007 负软极限坐标：设为-1300 ；
103010 回参考点模式：设为0 ；
103012 编码器反馈偏置量：0 ；
103032 慢速点动速度：20 000 ；

103033　快速点动速度：40 000 ；
103034　最大快移速度：84 000 ；
103035　最大加工速度：84 000 ；
103036　快移加减速时间常数：2 ；
103038　加工加减速时间常数：2 ；
103060　定位允差：设为0 ；
103061　最大跟踪误差：设为50;
103067　轴每转脉冲数：设为917 504 ；
坐标轴 4
104000　显示轴名：B ；
104001　轴类型：设为1 ；
104004　电子齿轮比分子：设为288 000 ；
104005　电子齿轮比分母：设为917 504 ；
104006　正软极限坐标：设为5 ；
104007　负软极限坐标：设为 -1300 ；
104010　回参考点模式：设为0 ；
104012　编码器反馈偏置量：0 ；
104032　慢速点动速度：20 000 ；
104033　快速点动速度：40 000 ；
104034　最大快移速度：84 000 ；
104035　最大加工速度：84 000 ；
104036　快移加减速时间常数：2 ；
104038　加工加减速时间常数：2 ；
104060　定位允差：设为0 ；
104061　最大跟踪误差：设为50;
104067　轴每转脉冲数：设为917 504 ；

设备接口参数

设备 5
505012　输入点起始组号：设为0 ；
505013　输入点组数：设为10 ；
505014　输出点起始组号：设为0 ；
505015　输出点组数：设为10 ；
设备 6
506010　工作模式：设为2 ；
506011　逻辑轴号：设为4 ；
506014　反馈位置循环使能：设为0 ；
506015　反馈位置循环脉冲数：设为917 504 ；
506016　编码器类型：设为3 ；
设备 7
507010　工作模式：设为2 ；
507011　逻辑轴号：设为3 ；
507014　反馈位置循环使能：设为0 ；
507015　反馈位置循环脉冲数：设为917504 ；

507016　编码器类型：设为3 ;
设备 8
508010　工作模式：设为2 ;
508011　逻辑轴号：设为2 ;
508014　反馈位置循环使能：设为0 ;
508015　反馈位置循环脉冲数：设为917 504 ;
508016　编码器类型：设为3 ;
设备 9
509010　工作模式：设为2 ;
509011　逻辑轴号：设为1 ;
509014　反馈位置循环使能：设为0 ;
509015　反馈位置循环脉冲数：设为917 504 ;
509016　编码器类型：设为3 ;
设备 10
510010　工作模式：设为2 ;
510011　逻辑轴号：设为0 ;
510014　反馈位置循环使能：设为0 ;
510015　反馈位置循环脉冲数：设为917 504 ;
510016　编码器类型：设为3

项目评价

完成本学习项目后，请对学习过程和结果的质量进行评价和总结，并填写表8-6。自我评价由学习者本人填写，小组评价由组长填写，教师评价由任课教师填写。

表8-6　评价反馈表

班级		姓名		学号		日期	
学习任务名称：				在相应框内打√			
自我评价	序　号	评 价 标 准		评 价 结 果			
	1	能按时上、下课		□是　□否			
	2	着装规范		□是　□否			
	3	能独立完成任务书的填写		□是　□否			
	4	能利用网络资源、数据手册等查找有效信息		□是　□否			
	5	了解桁架机器人常见的应用		□是　□否			
	6	掌握桁架机器人的手动操作方法		□是　□否			
	7	掌握桁架机器人I/O信号设置方法		□是　□否			
	8	能独立完成桁架机器人程序编写		□是　□否			
	9	能独立完成桁架机器人程序运行		□是　□否			
	10	了解桁架机器人参数设置方法		□是　□否			
	11	了解桁架机器人常见故障处理方法		□是　□否			
	12	学习效果自评等级		□优　□良　□中　□差			
	13	经过本任务学习得到提高的技能有：					

（续）

	序 号	评 价 标 准	评 价 结 果
小组评价	1	在小组讨论中能积极发言	□优 □良 □中 □差
	2	能积极配合小组成员完成工作任务	□优 □良 □中 □差
	3	在任务中的角色表现	□优 □良 □中 □差
	4	能较好地与小组成员沟通	□优 □良 □中 □差
	5	安全意识与规范意识	□优 □良 □中 □差
	6	遵守课堂纪律	□优 □良 □中 □差
	7	积极参与汇报展示	□优 □良 □中 □差
	8	组长评语： 签名： 年 月 日	
教师评价	1	参与度	□优 □良 □中 □差
	2	责任感	□优 □良 □中 □差
	3	职业道德	□优 □良 □中 □差
	4	沟通能力	□优 □良 □中 □差
	5	团结协作能力	□优 □良 □中 □差
	6	理论知识掌握	□优 □良 □中 □差
	7	完成任务情况	□优 □良 □中 □差
	8	填写任务书情况	□优 □良 □中 □差
	9	教师评语： 签名： 年 月 日	

思考与拓展

通过本项目的学习，熟悉了华数桁架机器人的基本操作方法及程序编写方法，对于桁架机器人的应用也有了一定的熟悉和了解。请同学们编写以下机器人动作程序，移动坐标值、移动速度可自行定义。

1）V轴单独行走。

2）UV轴同时行走。

3）A轴单独行走。

4）AB轴同时行走。

5）真空吸。

6）W轴单独行走。

7）*UV*轴同时行走。

8）真空放。

课后练习题

1）直角坐标机器人组成部分包含__________、__________、控制系统、终端设备。

2）华数桁架机器人ARA-1000D由五个轴组成，分别是__________、__________、__________、__________、__________。

3）简述机器人操作注意事项。

4）编写机器人程序，实现以下功能。

① *W*轴单独行走1200mm。

② *U*轴单独行走300mm，速度为6000mm/s。

③ *A*轴单独行走165mm，速度为5600mm/s。

④ 真空吸。

⑤ *A*轴单独行走-165mm，速度为4000mm/s。

⑥ *W*轴单独行走520mm。

⑦ 真空放。

附　　录

附录A　常见故障及报警处理

一、常见故障及报警

1. 系统报警

详细内容见表A-1。

表A-1　常见系统报警内容及处理方法

序　号	报警内容	报警原因	消除方法
1	有系统或PLC报警	系统存在报警	请查看具体报警内容
2	自动程序运行未恢复断点位置	所以轴的当前位置与程序暂停时的位置不一致，程序无法继续运行	停止当前程序，重新运行
3	通道中的伺服报警	驱动器有报警	查看驱动器的报警，断电重启机器人
4	急停	急停按钮按下或系统存在严重报警，处于急停报警状态	旋起急停按钮或断电重启机器人
5	程序语法错	示教当前程序未加载到系统中	加载程序或重新生成代码后再加载程序
6	X轴将超出行程正限位	程序中X轴将移动到正限位	请修改程序中的X轴位置不会超出正限位
7	X轴将超出行程负限位	程序中X轴将移动到负限位	请修改程序中的X轴位置不会超出负限位
8	Y、Z轴压正限位挡块	U、V轴水平距离过近	反向移开U、V轴
9	X轴跟踪误差过大	X轴跟踪误差超出设定值	增大设定值或增大驱动器PA-0参数
10	X轴超速	X轴速度超出最大速度设定值	增大设定值或减小当前速度值
11	X轴已超出行程正限位	X轴的位置已到达正限位	手动负向移动X轴
12	X轴已超出行程负限位	X轴的位置已到达负限位	手动正向移动X轴
13	总线连接不正常	总线连接中断	检查总线串联

2. PLC报警

详细内容见表A-2。

表A-2　常见PLC报警内容及处理方法

报　警　号	报警对应的G寄存器	报警取用寄存器	报　警　名	报 警 内 容
PLC30	G3011.14	G3011.14	水平干涉	*U*、*V*轴水平距离过近，请反向移开或修改程序
PLC31	G3012.0	R332.0	后门开	后门开启，请检查后门信号
PLC32	G3012.1	R332.1	前门开	前门开启，请检查前门信号
PLC41	G3012.10	R333.0	主臂吸动作未完成	主臂吸动作未完成，请调整吸取位置、检查吸具或检查主臂吸信号确认线路
PLC42	G3012.11	R333.1	主臂夹动作未完成	主臂夹动作未完成，请调整夹取位置、检查夹具或检查主臂夹信号确认线路
PLC43	G3012.12	R333.2	副臂夹动作未完成	副臂夹动作未完成，请调整夹取位置、检查夹具或检查副臂夹信号确认线路
PLC44	G3012.13	R333.3	20/21动作未完成	20/21动作未完成，请调整夹取位置或检查信号确认线路
PLC45	G3012.14	R333.4	22/23动作未完成	22/23动作未完成，请调整夹取位置或检查信号确认线路
PLC46	G3012.15	R333.5	24/25动作未完成	24/25动作未完成，请调整夹取位置或检查信号确认线路
PLC47	G3013.0	R333.6	26/27动作未完成	26/27动作未完成，请调整夹取位置或检查信号确认线路
PLC48	G3013.1	G3013.1	主臂吸具处于90°，禁止下行	主臂吸具处于90°，禁止下行，请将吸具调整为0°后下行
PLC49	G3013.2	G3013.2	*W*轴正向进入危险范围1	*W*轴正向进入危险范围1，请手动负向移开*W*轴或抬升主副臂或修改程序
PLC50	G3013.3	G3013.3	*W*轴负向进入危险范围1	*W*轴负向进入危险范围1，请手动正向移开*W*轴或抬升主副臂或修改程序
PLC51	G3013.4	G3013.4	*W*轴正向进入危险范围2	*W*轴正向进入危险范围2，请手动负向移开*W*轴或抬升主副臂或修改程序
PLC52	G3013.5	G3013.5	*W*轴负向进入危险范围2	*W*轴负向进入危险范围2，请手动正向移开*W*轴或抬升主副臂或修改程序
PLC53	G3013.6	G3013.6	主副臂处于危险范围	主副臂处于危险范围，请手动抬升主副臂或修改程序
PLC54	G3013.7	R333.7	摆90°动作未完成	摆90°动作未完成，请检查90°信号确认线路或检查摆头气管
PLC55	G3013.8	R334.0	摆0°动作未完成	摆0°动作未完成，请检查0°信号确认线路或检查摆头气管
PLC56	G3013.9	R334.1	开模信号等待时间过长	开模信号等待时间过长，请检查开模到位信号或修改等待时间参数P54
PLC57	G3013.10	G3013.10	中板未弹开	未检测到中板弹开信号，副臂禁止下行，请检查模具或检查信号确认线路

二、现场常见的故障处理

1）机械手主副臂没吸住产品或者抱住产品，或没夹住产品，再升到安全位置报警，机械手报主臂或副臂吸或抱动作未完成。

这时操作人员需要把注射机里的产品拿出来，检查吸具或者抱具是否正常，包括吸具或者抱具是否有信号，以及吸盘掉落的情况（在机械手操作器的I/O信号功能里可以查看，这需要操作人员手动捏住真空气管（在吸的状态下）或者按住抱具上的开关）。注：在抱具上常见抱住确认信号线断裂，在真空吸上常见没有真空确认信号。

对于抱具的夹具，若上次没有成功抱住产品，则A轴上去之后报警，抱具气缸处于抱的状态，此时取出产品后需要在机械手操作器的手动模式的点动中主夹状态改为主松状态（若程序里加有对应的M代码，那么不需要这样处理）。对于副臂的水口夹，若夹到产品后，机械手上升到安全高度仍然报警（副臂夹动作未完成），则需要检视近接开关与感应片的距离是否在1～3mm之间（灯亮为正常），如果正常则检查信号线。

2）出现伺服报警。出现伺服报警，此时不要马上断电，而要首先查看机械手操作器上自动运转中误差那一项，如果数值显示远大于系统中“最大跟随误差”中的值则知道是哪个轴报警了。若是AB轴出现报警，则首先检查AB轴电机的报闸是否有问题，如若排除机械与连线问题则可查看参数管理项坐标轴参数中轴3、4中加工加减速时间常数，可以适当加大一点。

对于*W*轴出现伺服报警，可以修改伺服驱动中PA-0、PA-2以及PA-27号参数，就针对目前GK6032电动机来设的参数为PA-0:500（位置比例增益）、PA-2:450（速度比例增益）、PA-27:200（电流控制比例增益），坐标轴参数项坐标轴参数0中的加工加减速时间参数可以适当加大一点，出现伺服报警必须断电重启，断电10s左右再重启并且重新加载一次加工程序。PA-0、PA-2、PA-27三个参数之间的关系需要达到一个平衡关系，不能一味加大，这样电动机会出现异响或者振荡（其他参数说明可以参考伺服驱动说明书）。

3）运行程序时选择“自动”模式，但是出现“暂时”的情况。

① 判断程序加载是否成功，重新加载一次程序，再运行程序。

② 在机械手操作器的I/O信号里查看“前门开”和“后门开”，无论注射机门开还是关了都一直有信号（绿点一直都有，注意此时网络连接是否正常，在自动运转中可以查看）。

注：如果机械手在运行过程中打开了前门，那么机械手会停止运行，重新关上前门后，机械手可继续运行。

4）在运行程序过程中或者手动过程中（之前可以正常工作），在网络连接正常的情况下，程序对应的轴或者手动对应的轴，主要轴一动作机械手操作器就马上报急停，而手动其他轴正常。

对于上述情况，请马上检查伺服驱动器到电动机之间的动力线连接是否良好，检查伺服驱动器上的动力线接口处是否有松动，检查动力线中间部分有没有出现磨损，检查动力线中的转接卡口是否良好，对于上述情况基本是动力线缺相才会出现的现象。

附录B 编程指令表

指令类型	指令名称	指令功能
运动指令	J	关节定位
	L	直线定位
	C	圆弧定位
寄存器指令	R	寄存器
	PR[i]	位置寄存器
	PR[i,j]	位置寄存器轴指令
I/O指令	X/Y	数字输入/输出
	AI/AO	模拟量输入/输出
条件指令	IF	用于比较判断条件是否满足
等待指令	WAIT	等待指定时间或条件成立
流程控制指令	LBL	标签指令
	END	程序结束指令
	JMP LBL	跳转指令
	CALL	程序调用指令
其他指令	UTOOL	工具坐标系设置指令
	UFRAME	工件坐标系设置指令
	UTOOL_NUM	工具坐标系选择指令
	UFRAM_NUM	工件坐标系选择指令
	UALM	用户报警指令
	OVERRIDE	倍率指令
	MESSAGE	信息指令
	LOOKAHEAD	预读指令

附录C 程序报警含义

报警号	报警含义	说明
5100	分配内存失败	
5200	加载程序失败	
5300	语法匹配失败	

（续）

报 警 号	报 警 含 义	说　明
5400	指令格式错误	
5500	位置变量（P）地址无效	位置变量（P）取值范围0~999，超出此范围地址无效
5600	位置寄存器（PR）地址无效	位置寄存器（PR）地址取值范围0~99，超出此范围地址无效
5700	寄存器（R）地址无效	寄存器（R）取值范围0~199，超出此范围地址无效
5800	寄存器（AR）地址无效	寄存器（AR）取值范围0~9，超出此范围地址无效
5900	缺少位置参数	移动指令（J、L、C）未指定位置参数
6000	缺少速度参数	移动指令（J、L、C）未指定速度参数
6100	缺少数据单位	缺少单位，如mm/sec
6200	缺少轨迹过渡类型	移动指令（J、L、C）缺少过渡类型（FINE/CNT）
6300	跳转目标无效	
6400	子程序无效	
6500	子程序嵌套层次过多	最多允许嵌套调用10层
6600	缺少执行语句	IF指令缺少执行语句JMP或CALL
6700	参数无效	CALL指令传递的参数无效，仅支持字符串类型和数值型参数
6800	参数过多	CALL指令最多可传递10个参数
6900	除零	溢出
7000	数据类型不一致	位置寄存器指令操作数类型不一致，应统一为关节位置或直角坐标位置
7100	用户报警无效	用户报警范围为9000~9099，超出此范围无效
7200	数字I/O地址无效	地址超出允许范围
7300	模拟量I/O地址无效	地址超出允许范围